ORIGINE
DES ESPÈCES ET
DE L'HOMME
AVEC LES CAUSES DE FIXITÉ ET DE TRANSFORMATION

ET

PRINCIPE UNIVERSEL
DU MOUVEMENT ET DE LA VIE
OU LOI DES TRANSMISSIONS DE FORCE

Par P. TRÉMAUX **

AUTEUR DE PUBLICATIONS SCIENTIFIQUES ENCOURAGÉES PAR L'ÉTAT, MEMBRE DE L'ACADÉMIE IMPÉRIALE DES SCIENCES DE MOSCOU, LAURÉAT DE L'INSTITUT DE FRANCE, ETC.

Les faussetés de la science centuplent
nos études, les erreurs et les maux !

4e édition — **RÉSUMÉ POUR TOUS** — Prix : 1 franc

INTRODUCTION BIOGRAPHIQUE
PAR LE COLONEL LEDEUIL

Directeur du CORRESPONDANT DE BALE, Auteur de publications scientifiques et littéraires
Défenseur de Châteaudun, Chevalier de la Légion d'honneur.

BALE (Suisse). Librairie Française, 10, Blumenrain, 10.
PARIS. A. SAGNIER, rue Bonaparte, 31
Et chez l'Auteur, à Paris, rue Vernier, 21, porte Champerret

PRINCIPE UNIVERSEL

DU MOUVEMENT ET DE LA VIE

RÉSULTANT D'UNE SIMPLE LOI DES TRANSMISSIONS DE FORCE

Par P. TRÉMAUX ✻✻

Auteur d'ouvrages scientifiques encouragés par l'État, Membre de l'Académie impériale de Moscou, Lauréat de l'Institut de France, etc.

OUVRAGES DU MÊME AUTEUR

PUBLIÉS AVEC ENCOURAGEMENT DU GOUVERNEMENT

Voyages au Soudan-oriental et dans l'Afrique septentrionale. — 61 pl., in-folio avec texte. . . . . 160 fr. 00

Parallèle des édifices anciens et modernes du Continent africain. — 82 pl., in-folio avec texte. . . . 160 » 00

Exploration archéologique en Asie mineure, 92 planches in-folio. — 10 grands plans de cités antiques et texte. 180 » 00

Egypte et Ethiopie, in-8° . . . . 4 » 00

Le Soudan, in-8°. . . . . 4 » 00

SCIENCE ET PHILOSOPHIE

Principe universel du mouvement, édition française. 2 » 00

Id. Id. édition allemande. — Bâle, Blumenrain, 10, librairie française où l'on trouve également les autres ouvrages. . . . . 3 fr. 00

Principe universel du mouvement, 4e édition, résumée. 1 » 00

Origine des espèces et de l'homme, édition Hachette, promptement épuisée dès son apparition en 1865. 3 » 50

Origine des espèces et de l'homme, 3e édition résumée 1 » 00

Résumé de : Origine des espèces et de l'homme et Principe universel du mouvement et de la vie. . . . 1 » 00

A Bâle (Suisse). Librairie Française Blumenrain, 10.

A Paris, chez l'auteur, rue Vernier, 21, porte Champerret.

ORIGINE

DES ESPÈCES ET

DE L'HOMME

AVEC LES CAUSES DE FIXITÉ ET DE TRANSFORMATIONS

ET

PRINCIPE UNIVERSEL

DU MOUVEMENT ET DE LA VIE

OU LOI DES TRANSMISSIONS DE FORCE

Par P. TRÉMAUX ✻✻

AUTEUR DE PUBLICATIONS SCIENTIFIQUES ENCOURAGÉES PAR L'ÉTAT, MEMBRE DE L'ACADÉMIE IMPÉRIALE DES SCIENCES DE MOSCOU, LAURÉAT DE L'INSTITUT DE FRANCE, ETC.

4e édition — RÉSUMÉ POUR TOUS — Prix : 1 franc

INTRODUCTION BIOGRAPHIQUE

PAR LE COLONEL LEDEUIL

Directeur du CORRESPONDANT DE BALE, Auteur de publications scientifiques et littéraires
Défenseur de Châteaudun, Chevalier de la Légion d'honneur.

BALE (Suisse). Librairie Française, 10, Blumenrain, 10
PARIS. A. SAGNIER, rue Bonaparte, 31
Et chez l'Auteur, à Paris, rue Vernier, 21, porte Champerret

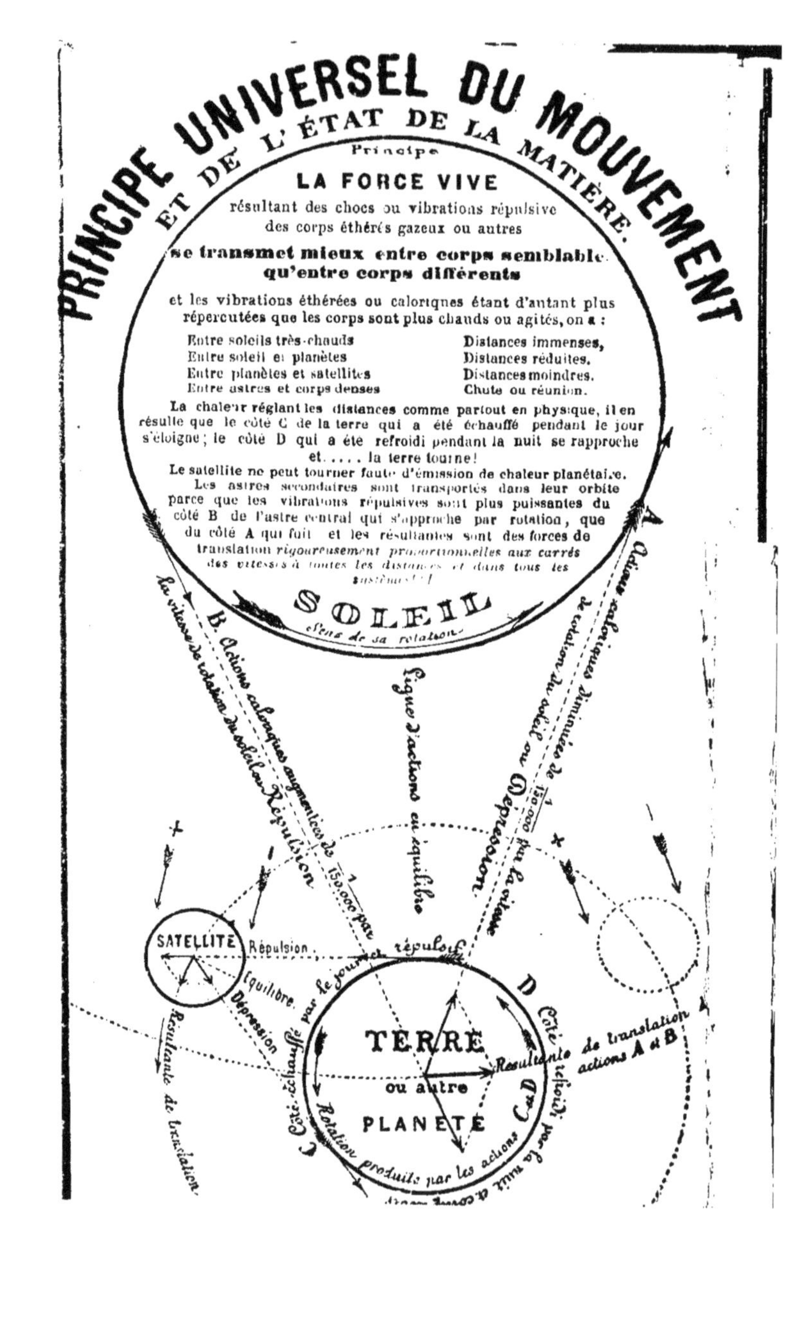
PRINCIPE UNIVERSEL DU MOUVEMENT
ET DE L'ÉTAT DE LA MATIÈRE.
Principe
LA FORCE VIVE
résultant des chocs ou vibrations répulsive
des corps éthérés gazeux ou autres
se transmet mieux entre corps semblable
qu'entre corps différents
et les vibrations éthérées ou caloriques étant d'autant plus
répercutées que les corps sont plus chauds ou agités, on a :
Entre soleils très-chauds — Distances immenses,
Entre soleil et planètes — Distances réduites,
Entre planètes et satellites — Distances moindres,
Entre astres et corps denses — Chute ou réunion.
La chaleur réglant les distances comme partout en physique, il en résulte que le côté C de la terre qui a été échauffé pendant le jour s'éloigne ; le côté D qui a été refroidi pendant la nuit se rapproche et..... la terre tourne !
Le satellite ne peut tourner faute d'émission de chaleur planétaire.
Les astres secondaires sont transportés dans leur orbite parce que les vibrations répulsives sont plus puissantes du côté B de l'astre central qui s'approche par rotation, que du côté A qui fuit et les résultantes sont des forces de translation rigoureusement proportionnelles aux carrés des vitesses à toutes les distances et dans tous les systèmes !
SOLEIL
Sens de sa rotation
B. Actions caloriques augmentées de 1/150.000 par la vitesse de rotation du soleil ou Répulsion
Ligne d'actions en équilibre
A. Actions caloriques diminuées de 1/150.000 par la vitesse de rotation du soleil ou Dépression.
SATELLITE
Répulsion
Équilibre
Dépression
Résultante de translation
répulsif
TERRE
ou autre
PLANETE
D
Côté refroidi par la nuit
Résultante de translation actions A et B
C Côté échauffé par le jour
Rotation produite par les actions C et D

INTRODUCTION BIOGRAPHIQUE (1)

Par le Colonel Ed. LEDEUIL

La rare activité de PIERRE TRÉMAUX nous conduit des tranquilles occupations du village aux lointaines et périlleuses explorations, de l'art à la science et de la science aux découvertes couronnées par celles du principe qui régit la vie, les atomes et les mondes. C'est-à-dire à la plus importante découverte dont l'homme puisse jouir. Ce principe surabondamment démontré par l'expérience et l'application à tous les phénomènes matériels connus, les distinguent nettement des actions volontaires et intellectuelles qui ne répondent pas au même principe. Mais si notre philosophie et notre science officielle qui, par crainte du matérialisme et en faveur de l'égoïsme, ont substitué de fausses hypothèses à tout ce qui pouvait conduire à la vérité, qui ont toujours lutté contre les plus importantes découvertes, contre Salomon de Caus exilé, contre Papin emprisonné avec les fous, contre la vapeur, la plus grande découverte dont ait joui l'humanité, que ne feront-elles pas contre le principe même du mouvement universel qui vient leur dire : non-seulement il était inutile d'entraver la science qui n'a pas les conséquences regrettables que vous supposez ; mais vos erreurs et vos hypothèses fausses ont été et sont encore le fléau de l'humanité !..... Aujourd'hui les armes ont changé, on lutte sourdement à l'Académie où les représentants de la presse scientifique ont leur tribune. On écarte sans bruit les principes essentiels en invoquant le vieux préjugé dit d'ordre supérieur, et comme l'élection académique par elle-même ne peut qu'accroître l'idée dominante, le changement n'est pas possible, et nous voyons *le principe de la science étouffé par l'Académie* DES SCIENCES !

Ainsi l'homme, ayant pénétré le secret qui régit les mondes et la vie, le secret de la science qui multipliera infiniment la richesse serait, avant d'en avoir joui, rejeté dans l'obscurité avec le bandeau de la misère sur les yeux ?..... Non, non, cela n'est pas possible, la morale y gagne, l'égoïsme aveugle seul

(1) Extrait de la *Gazette* (Suisse) des 19, 26 avril, 3, 10, 17 mai 1877, du *Correspondant de Bâle* du 16 juin et du 20 octobre, et d'une édition spéciale de la librairie française à Bâle.

peut, à tort, concevoir des craintes. Joignons donc nos efforts pour lutter contre le préjugé et sauver un résultat qui multipliera le bien-être social tout entier. — P. S. Pourtant, les préjugés sont moins unanimes qu'autrefois. M. Trémaux reçoit même des encouragements de l'étranger où ses œuvres se traduisent d'un côté et sont entravées de l'autre, et l'Académie impériale des sciences de Moscou, vient de l'honorer du titre de membre étranger.

Regardez ce front où la pensée semble avoir son domaine ; voyez ces yeux intelligents et fins, et cet air de sérénité dans tous les traits. Génie et bonté l'éclairent ; ce portrait, c'est P. Trémaux.

Né à Charcey (Saône-et-Loire), le 20 juillet 1818, P. Trémaux était tout jeune encore qu'il contrôlait déjà les opérations qu'il voyait faire.

C'était au village.

L'instituteur avait été appelé pour mesurer des cuves. Les calculs se faisaient devant l'enfant. — « Père, l'instituteur se trompe ! » dit tout à coup l'écolier. — Et le père de faire retirer bien vite un gamin aussi irrespectueux. — « Mais il s'est trompé, vous dis-je ! » répétait le lendemain le petit Pierre devant son père et une vieille dame du voisinage, qui pronostiqua la première l'avenir de l'enfant, et la preuve la voilà : « J'ai pesé l'eau de cette sapine et cubé ce récipient ; eh bien, si mon calcul à moi est juste, l'eau de la sapine doit remplir le récipient, tandis que vos cuves ne répondent pas au calcul. » L'eau, versée par le jeune expérimentateur, arriva aux pleins bords du vase, *sorte de cône tronqué à base ovale*. — J'en étais bien sûr, s'écria Pierre, redressant sa jolie tête toute rosée de son travail et de son succès. — C'est bien, dit le père, nous verrons plus tard. — C'est bien ; oui, c'est bien, reprit la vieille dame Duhesme, qui eut un éclair dans les yeux : mais comment cet enfant en sait-il plus que son maître?

Le destin de P. Trémaux eût été décidé de ce jour, si son père avait eu de la fortune. Étant de ces hommes trop rares, qui suivent le caractère de leurs enfants pour saisir en eux un trait caractéristique du penchant qui dominera un jour dans leur vie, ce fait l'avait frappé. Il eût voulu ouvrir à cette jeune intelligence, toujours en quête de preuves, la carrière qu'elle demandait à courir, mais il y avait six enfants avec Pierre et après Pierre, et le travail seul du père pour pourvoir aux appétits de toute cette petite race plantureuse de Bourguignons ; P. Trémaux n'eut pas d'autres ressources que l'école communale jusqu'à 16 ans.

Enfin cependant on l'envoie à Dijon.

Dijon ! C'est-à-dire des cours de physique, des cours de

mathématiques, de botanique, d'art! P. Trémaux n'en croit pas son bonheur. Ses yeux sont partout, aux musées et aux bibliothèques : ses oreilles écoutent tout, leçons de sciences et d'humanités. — Je me dédommage, écrivait-il à son père, de la disette où j'ai été au village. — Et pour preuve, à la fin de l'année, il lui envoie la médaille d'architecture qu'il a remportée, lui, nouveau et tard venu, sur ses camarades plus âgés et plus anciens. L'attention était sur lui. Les ponts-et-chaussées le demandèrent comme dessinateur et, après examen, le nommèrent conducteur.

Rappelons-nous les couronnes et les ambitions de notre enfance, alors qu'on ne voit pas de noblesse au-dessus de celle de l'intelligence, ni de bonheur plus grand que de sentir son âme active et capable des plus hautes entreprises ; rappelons-nous ces belles années d'idéal et d'espérance, tant déçues pour beaucoup, hélas, dès leur entrée dans la vie réelle, et nous jugerons quel rêve le jeune Trémaux pouvait faire sur ses premiers lauriers, quand, pour surcroît de fortune, le département de la guerre demandant en 1840 des jeunes gens distingués pour l'exécution des fortifications de Paris, il fut aussitôt désigné ; un beau rêve sans doute qui, pour lui, devait se réaliser ; monter, monter toujours, jusqu'à ravir quelque secret aux dieux.

Et voyez, dans Paris, cette ombre qui glisse, hâtée de gagner l'ombre projetée par ce monument. Quel air préoccupé ! Ce bâtiment appartient à la ville et contient des richesses. C'est un rôdeur, bien sûr ! Oh ! comme il examine et tourne tous les coins. Il guette l'instant de forcer le seuil sans doute. Il entre, on l'arrête : — Que voulez-vous ? — Être des Beaux-Arts. — Trop tard, le délai est expiré !..... On l'inscrit pourtant, les examens ont lieu, il est reçu. — Ah ! j'en suis donc ! soupire notre héros, plus heureux que s'il avait conquis la moitié du monde. « A moi de faire le reste, » ajoute-t-il.

Et dès lors, il met tant d'exactitude et de zèle au travail des fortifications que, l'enceinte achevée, l'administration lui offre en récompense de choisir la région où il veut être placé. — A Paris, répond P. Trémaux, car je suis élève des Beaux-Arts. Et il tire, ce disant, la série complète des médailles de construction et d'architecture que l'École lui a décernées. — Ah çà, ah çà, balbutiait le directeur stupéfait, mais où avez-vous pris le temps d'étudier et de gagner tout cela ? — Sur mes nuits.

Le succès de P. Trémaux avait été prodigieux. L'École des Beaux-Arts l'avait ainsi qualifié : *Succès presque sans exemple.* Charcey, à cette nouvelle, se glorifia de son enfant et le Conseil général du département lui vota, *comme par acclamation,* dit M. de Lamartine, des fonds d'encouragement.

Notre lauréat en usait à se perfectionner quand il fut appelé au Creusot. Le Creusot avait alors 4,000 âmes, il en eut bientôt 14,000. P. Trémaux traçait les plans, d'autres les exécutaient. La transformation s'opérait comme par enchantement sous l'œil étonné de M. Schneider aîné, directeur de l'usine, qui recevait notre architecte en ami et en familier. Ces deux natures actives, franches, ouvertes, étaient faites pour se comprendre et s'apprécier; et quand une chute de cheval lui ravit l'homme de sa prédilection, P. Trémaux pleura.

Fut-ce cette mort, fut-ce son étoile qui le guida? La vérité est que, résistant aux offres de M. Schneider cadet, futur président du corps législatif, qui voulait l'attacher au Creusot, P. Trémaux qui avait obtenu, en 1845, un grand prix de l'Institut, passa en Algérie où il avait un frère. Son objectif était Rome. Rome, de Paris, par la régence de Tunis? Quoi d'étonnant pour M. Trémaux? Il a horreur des sentiers battus. Bien mieux, il ira à Rome par l'Égypte, le Soudan, la Nigritie, et bien d'autres chemins. C'est ainsi que La Fontaine allait à l'Académie.

Au moment de faire voile pour l'Italie, en effet, pas de bateau à cette destination, mais un navire qui appareille pour l'Egypte. Il cède à la tentation et s'embarque. Au Caire, le consul français, M. Adolphe Barrot, lui annonce qu'une expédition, organisée par Méhémet-Ali pour l'exploitation des sables aurifères, est en partance pour la Nigritie sans attaché officiel pour les travaux scientifiques et insiste pour qu'il accepte cette mission. Il accepte.

C'est alors que le génie de M. Trémaux se développe et que, dans la nature immense et nouvelle où il marche, il marche aussi dans la lumière et les découvertes. Son esprit émerveillé se réfléchit; chaque jour, c'est surprise, mais aussi méditations et pensées fécondes. Il ne reviendra pas riche seulement de notes et de documents sur les ruines des civilisations antiques ou la composition des roches d'un continent inconnu. A voir des êtres semblables à lui et de mœurs si contraires, ce problème s'est posé à son esprit? *Quelle est l'origine de l'homme?* Il le résoudra plus tard.

Suivons le voyageur.

Le cours du Nil, les déserts, le Soudan, l'Éthiopie étaient des mines sans doute, mais des mines à qui il fallait un mineur de la curiosité, de l'énergie et du savoir de M. Trémaux. Géographie, géologie, flore et faune, architecture et ethnographie, il devait tout aborder, et ne reculer ni devant les maladies, ni devant les périls. Il ajouta à ces mérites celui d'une observation sagace et sûre.

Ses relations sur le Soudan et la Nigritie sont des notes écrites au jour le jour, sans plan et sans artifice, mais tirant de leur naturel et de la soudaineté de leurs changements à vue un charme particulier. Contrairement à ce qu'il en est souvent des hommes de science, tout est attrait dans sa compagnie. Il nous entraîne à battre son école buissonnière jusque sous la dent des crocodiles et des lions. La science semble sa muse. Il a pour elle les attentions d'un homme sincère et délicat. Habile et prompt à la pénétrer, son langage avec elle est doux, facile, expansif et tout sympathique. Qu'il décrive, qu'il raconte, qu'il enseigne, c'est avec une clarté et une simplicité qui attachent. Il a bien, au cours de la conversation, quelques constructions négligées, quelques mots répétés, il est moins au style qu'à l'idée. Que demander au surplus à un homme qui vous parle juché et cahoté sur la bosse peu polie d'un chameau, avec un soleil tropical du désert sur la tête ou dans les accidents des forêts vierges. M. Mérimée dans son rapport au sujet de la souscription de l'État aux publications de M. Trémaux, disait que son style a plutôt la beauté de la forêt avec ses accidents, ses grandeurs, que celle du jardin aligné et dressé.

Son amour de la science n'est pas le seul talisman qui donne tant d'intérêt à ses récits; il en possède un autre. Mais avant d'en parler, qu'il nous soit permis de faire juger par quelques citations du mérite que nous venons d'accorder à notre voyageur.

« Entre le village de Korosko et la zone cultivée, on distingue parfaitement l'intérieur de la mosquée; les croyants y faisaient leurs prières et leurs contorsions, sans se douter qu'un *djaour* les observait du haut de la montagne. Cette mosquée est fort simple, elle se compose d'une enceinte rectangulaire; sur l'un des côtés, — celui qui regarde la Mecque, à l'est, — on a fait un portique au moyen de troncs de palmiers, disposés comme des colonnes supportant une terrasse en terre et en roseaux; au milieu de cette partie ouverte, dans le mur d'enceinte, on a pratiqué un petit hémicycle en forme de niche dont le vide représente Dieu ou plutôt la place de Dieu invisible; des nattes recouvrent une partie du sol, tout le reste de l'enceinte est à découvert. Dans l'un des angles, du côté sud opposé à la partie couverte, il existe un minaret ayant la forme d'un pain de sucre, élevé sur un socle carré, de la hauteur de l'enceinte; la porte d'entrée se trouve près de ce minaret.

Comme on le voit, cette mosquée primitive offre un rudiment des anciennes mosquées en portiques du Caire. On voyait dans cette enceinte des hommes dans les diverses attitudes de la prière musulmane; les uns, debout, tenaient les mains élevées de chaque côté de la tête, les autres faisaient de grands saluts ou baisaient la terre à plusieurs reprises (*Voyage en Éthiopie*).

Nous avancions silencieusement entre ces deux rives du Nil, où dorment d'imposantes ruines. Après avoir marché quelque temps en amont d'un contour bien prononcé du fleuve, le bateau ralentit son mouvement et s'approcha de la rive orientale. L'édifice qui, le premier, présenta ses restes à nos regards était celui dont l'obélisque qui décore aujourd'hui la place de la Concorde, à Paris, a popularisé le nom en

France; c'était Luxor, dont on voyait principalement les pylônes, le portique de la première cour et quelques massifs de constructions. Nous mîmes pied à terre pour visiter ces ruines.

En approchant du pylône de ce monument, nous examinâmes d'abord l'obélisque qui faisait pendant à celui de la place de la Concorde, et que Londres jalouse s'était fait donner par Méhémet-Ali ; mais il attend encore le bâtiment qui doit le transporter dans la brumeuse Angleterre. L'impassible Arabe, en apprenant les projets d'enlèvement de ces obélisques, s'est borné à dire *ma-fiche*, — cela ne sera pas. — Si ce *mafiche* a été démenti par la France, il paraît devoir être vrai pour l'Angleterre. Quelle que soit la cause de l'indifférence britannique à cet égard, ce magnifique monolithe paraît devoir dormir longtemps encore dans cette position.

Si quelque chose vivait dans cette masse inerte, combien cet obélisque devrait se réjouir de l'oubli du gouvernement anglais, combien il déplorerait le sort de son compagnon exilé, qui, après quelques années seulement, voit déjà ses flancs se fendre et céder sous l'influence des intempéries du Nord! Il faut à l'obélisque le Nil bleu et non la Seine, pas plus que la Tamise ; il lui faut le ciel ardent et les chaudes caresses des vents du désert, et, à ses pieds, un sol chargé de ruines qui attestent la longue série de siècles qui ont passé sur ses angles sans les user. Là, le voyageur promène son regard avec une respectueuse attention sur les ibis et les signes mystérieux incrustés dans ses quatre faces. Ces caractères énigmatiques pour ses yeux parlent à son imagination, et font passer devant son esprit les images de l'antique splendeur des Pharaons. Cherchez ces impressions profondes devant l'obélisque remis à neuf de la place de la Concorde, emprisonné dans sa grille dorée. Le bon bourgeois qui, en passant, y jette un coup d'œil se contente de trouver assez bizarre l'idée qu'ont eue ces Égyptiens d'autrefois de graver l'image de canards sur ce monolithe.....

.....Plus loin, on pénètre dans la grande salle hypostyle du temple de Karnak. Là, on est saisi d'un effet si imposant, si grandiose, que l'homme se trouve subjugué ; sa voix reste muette, il n'a plus qu'un sens, la vue ; plus qu'un sentiment, l'admiration extatique. C'est une forêt de cent trente-quatre colonnes colossales disposées en quinconce, dont les chapiteaux supportent des blocs gigantesques qui forment le plafond. La grandeur de ces colonnes est telle, que sur le chapiteau de chacune on a calculé que cent hommes pourraient trouver place. Les douze du milieu sont de la même dimension que celles de la cour qui précède ; elles sont chargées de sculptures et d'hiéroglyphes, ainsi que les sophites, les plafonds et les murs du pourtour. Quelques pans de murs et quelques parties du plafond sont tombés et ont formé des débris qui ajoutent le pittoresque au sublime. Il n'était pas jusqu'aux jets de lumière que laissaient pénétrer les brèches actuelles qui, en scintillant à travers ces ruines, ne vinssent apporter du prestige à cet ensemble merveilleux. L'effet était tel, que je ne pense pas qu'à l'époque même de sa première splendeur cet intérieur ait pu produire une plus puissante impression, car à l'effet imposant se joint le caractère quarante fois séculaire dont le temps a revêtu ces ruines. Et l'origine reculée de leur édification est un bien puissant attrait ajouté à leur beauté [illegible]lle.

Cette multitude de colonnes, entre lesquelles des allées passent en tous sens, me rappela involontairement, sous une forme grandiose, un effet qui m'avait maintes fois frappé en me promenant sous les nombreux bosquets de palmiers des bords du Nil. Leurs troncs élancés qui s'élèvent de toutes parts à des distances à peu près égales nécessaires au développement des palmes, le sol nu et horizontal sur lequel on circule librement entre ces colonnes naturelles, l'épais feuillage qui forme le toit, et jusqu'à l'épanouissement du tronc dans sa partie supérieure qui reproduit le chapiteau ; tout cela me fut si bien représenté par l'aspect de ce quinconce de colonnes, que je m'écriai : Voilà la source, l'origine de l'art égyptien. Oui, la civilisation qui créa ces monuments, cet art, ne vient ni de l'Inde, ni des bords du Gange, ni de l'Éthiopie. Elle est née sur le sol d'Égypte, la patrie par excellence du palmier.....

..... Le vêtement se réduit et disparaît à mesure que l'on avance vers le sud.

C'est dans les contrées de la Basse-Nubie que l'on rencontre souvent des Rébecca modernes drapées avec l'antique simplicité biblique et portant la bure sur la tête. Leur air dégagé et réservé en même temps, leurs yeux noirs et modestes rappellent ces images de l'histoire sainte que chacun a vues seulement, au lieu d'une étoffe vivement coloriée, imaginez une pièce de toile de coton bis sale et souvent déchirée, et vous aurez le portrait de la femme nubienne ; cette étoffe est d'ailleurs si naturellement drapée et si fièrement portée, qu'elle ne le cède en rien aux modèles antiques..... *(Voyage en Ethiopie)*.

Au sud des déserts il existe d'autres nécropoles de pyramides près de Napata, à Kourou, à Zouma et à Tankassi, au-dessous de Meraoueh, non loin des bords du fleuve. La pyramide est un monument funèbre qui, appliqué dans certains cas à des souverains déifiés, devient naturellement une sorte de monument religieux ; voilà l'origine, le but de la pyramide..... Dévastation, bouleversements, mort, telles sont les sensations que font naître ces ruines, dont les monuments les plus saillants sont des pyramides ; fastueux tombeaux ne rappelant que la mort, seulement la mort qui survit, si l'on peut s'exprimer ainsi, aux agitations et aux splendeurs éphémères de la puissance humaine. Voyez quelle dérision du sort ! Ces monuments, faits pour perpétuer le souvenir des personnages qui les élevèrent, ont conservé quoi ? de muets entassements de pierres, et quelquefois un nom hiéroglyphique tout auss muet et qui ne retrace que l'assemblage de quelques syllabes tout à fait inconnues dans l'histoire. Voilà à quoi ont servi tant de pénibles travaux.

Diodore nous dit que l'esprit d'Ergamenès fut nourri de la littérature des Grecs; mais il est certaines remarques relatives à ces ruines qui semblent nous dire au contraire que ce sont les Grecs qui vinrent étudier la science en Éthiopie. Faut-il voir là encore le résultat des réticences connues des Grecs, par lesquelles ils ont voulu se donner l'initiative de la civilisation du monde ? L'une de ces remarques, c'est que sur les murs mêmes de ce sanctuaire de la science et de la religion, on voit des noms et des griffonnages grecs qui se trouvent mêlés aux noms éthiopiens et qui ne peuvent être que l'œuvre inexpérimentée des écoliers. On serait donc plutôt porté à reconnaître que ce sont les Grecs qui, après avoir puisé la science en Égypte, vinrent encore l'étudier chez les Éthiopiens.

...La nuit était complète ; j'avais le fleuve bleu à ma droite ; à gauche la forêt sombre, pleine d'animaux féroces, et le lion ou les lions devant moi. Cependant je ne pouvais hésiter; il n'était pas possible de songer à passer la nuit dans l'endroit où je me trouvais; les hôtes sauvages du lieu m'eussent infailliblement surpris, soit en rôdant, soit en venant boire, soit en suivant ma piste. J'espérais d'ailleurs que les lions, après s'être désaltérés, adandonneraient le bord de l'eau et me livreraient ainsi passage.

Après un certain temps de silence, les cris, les hurlements des autres animaux recommencèrent au loin dans la forêt, et de proche en proche se firent entendre de nouveau tout près de moi. Il fallait à tout prix atteindre la barque; je m'enhardis un peu en songeant qu'au besoin je pouvais me jeter dans le fleuve pour y trouver un refuge: c'était en cas d'attaque la seule chance de salut qui me restât, chance bien incertaine cependant, car tous ces animaux nagent mieux que l'homme; seulement je pouvais avoir pied plus loin que mes agresseurs et les combattre alors dans des conditions plus avantageuses; mais d'un bond aussi je pouvais être atteint sans m'y attendre. Comme on le voit, j'étais réduit à prévoir des éventualités fort peu encourageantes.

Tout en cheminant, j'arrivai à un endroit où la rive du fleuve était interceptée; une lisière de buissons et d'arbres dont les branches tombaient dans l'eau couvraient les talus abrupts et se reliaient à la forêt; il fallait absolument abandonner le bord du fleuve, mon unique refuge. J'hésitais; le cri de la hyène, qui était sur mes talons, coupa court à mon hésitation, et je m'engageai sous le bois. Là, l'obscurité était complète; du côte du fleuve seulement j'apercevais des demi-jours scintiller entre les troncs d'arbres. Tout autour de moi c'était un étrange frémissement de la nature; je portais mes mains en avant de moi, pour ne pas me heurter aux mille obstacles qui m'enveloppaient. De temps à autre, je m'arrêtais pour prêter l'oreille, puis j'avançais de nouveau en tâtonnant.

Tout à coup de vigoureux rugissements retentirent non loin de moi, une grande agitation se produisit sous la forêt, je me pressai involontairement contre les troncs d'arbres. Pourtant ce tumulte sembla s'éloigner et décroître; ce ne devaient être que quelques animaux paisibles qui avaient fui épouvantés; mais mon espoir de l'éloignement du lion était évanoui; il était encore sur ma route obligée, où ses rugissements se renouvelaient de temps en temps. Néanmoins j'avançai encore jusqu'à ce que j'eusse rejoint le Nil.

J'avais déjà entendu en Algérie la voix de ce puissant animal, mais elle ne m'avait jamais semblé si terrible. Le fait est que, sans qu'elle parût coûter le moindre effort de poumons, cette voix remplissait l'espace de sons caverneux; elle semblait communiquer une commotion à tous les objets des alentours et avoir la même intensité dans le lointain que dans le voisinage.

Lorsque les rugissements eurent cessé, j'attendis encore plus longtemps, espérant que cette fois les lions laisseraient enfin le passage libre; puis j'enlevai mes chaussures pour marcher plus silencieusement, et j'arrivai ainsi en vue de l'extrémité de l'eau qui interceptait la traversée du bras du fleuve. Alors il me vint à l'idée que l'eau ne devait plus être assez profonde pour m'y réfugier, et que je me trouvais à la merci de mes ennemis. Je m'arrêtai court, et, sans avancer plus loin, je me décidai à tenter de traverser le bras du fleuve; je m'y introduisis avec précaution, pour ne pas agiter l'eau, et j'arrivai ainsi sur l'autre bord dans la presqu'île.

Presque aussitôt, au bruit que firent mes premiers pas sur le sable, un animal que je ne pus qu'apercevoir se leva devant moi et entra précipitamment sous le couvert du bois; au même moment, deux épouvantables rugissements, mêlés de grognements et d'affreux soupirs, retentirent dans cet endroit. La sonorité, la puissance du râle, étaient telles, qu'il semblait se produire à mon oreille. Je restai cloué à ma place par l'émotion, mes yeux plongeant en vain dans l'obscurité ; mais des craquements de branches, le feuillage agité et bruyamment froissé sous l'impulsion de mouvements puissants et désordonnés, faisaient conjecturer la scène terrifiante qui se passait près de moi. A tout cela se mêlait je ne sais quel sourd et horrible bruit rauque.

Pourtant ma pensée reprit son cours, et mon premier mouvement fut de battre en retraite aussi silencieusement que possible ; je reculai vers la rive que je venais de quitter.

Evidemment, l'animal inconnu que j'avais fait fuir était tombé sous les griffes des lions en pénétrant dans le bois où ils étaient, selon toute apparence, en embuscade. Le sort de cette malheureuse bête, qui n'avait pas même eu le temps de jeter un cri, eût été probablement le mien sans cet incident..... *(Le Soudan).*

...Cette dernière partie de la route fut pour moi comme le coup de grâce donné à mes forces. La veille, pendant notre repas de midi, malgré une chaleur accablante, je m'éveillai avec une sueur froide dans le dos, et je me sentis trembler à tel point que je ne pouvais tenir, sans l'épancher, une tasse de café qu'on me présenta. Lorsque ce tremblement eut cessé, M. Kovalewski fit remarquer que ma respiration était courte; que depuis quelque temps je ne pouvais plus supporter des marches actives comme précédemment, et il ajouta, comme il l'avait déjà dit avant cet accès, que j'étais atteint aux poumons. Le docteur eut cette fois la maladresse de l'approuver, et cela en ma présence. Ma faiblesse même me rendit plus crédule à cette double opinion. Qu'on juge de la situation où je me trouvais, sachant que cette maladie est mortelle. Il fallait donc me familiariser avec l'idée d'en finir bientôt avec la vie!...

Mais une autre idée se présenta bien vite à ma mémoire. Je fermai les yeux pour songer à un autre point de vue, où j'avais souvent humé une fraîche brise me caressant le visage. Là pas de bouffées de vent brûlant, pas d'horizon de feu, de roche et de lumière. Du haut du Montabon, dont les cimes sont couvertes de forêts, de bruyère et de mousse, je voyais en souvenir, d'un côté, mon village de Charcey; de l'autre, la vaste plaine de la Bresse, où la Saône déroule paisiblement ses contours; magnifique panorama, frais et verdoyant, que prolongent les montagnes du Jura, et que terminent majestueusement les cimes neigeuses des Alpes, qui se perdent dans les nues. Oui, je voulais revoir ce frais pays, peuplé de mille souvenirs. Oh! combien j'eusse désiré changer mon rocher nu, mon brûlant horizon du désert, pour cet autre horizon plein de vie et de fraîcheur. Mais, hélas! mers et continents m'en séparaient, un soleil de plomb pesait sur ma tête, la fatigue brisait mes membres, la souffrance m'accablait et [illegible]llait cheminer.., cheminer encore. *(Voyage en E[illegible]iopie.)*

Après ces quelques citations, nous ne saurions donner une plus exacte appréciation du mérite des ouvrages de M. Trémaux qu'en transcrivant le Rapport qu'en fit *l'Académie des Inscriptions et Belles-Lettres à M. le Ministre de l'Instruction publique.*

« Ce qui n'avait été fait par personne, la reconnaissance du pays compris entre le Nil blanc et le Nil bleu sous le parallèle du 10e degré, M. Trémaux l'a accompli avec succès, et, pour y réussir, il a déployé un zèle et une constance dignes des plus grands éloges.

« C'est pour la première fois que des voyageurs européens ont pénétré aussi loin dans le sud ; M. Trémaux a relevé avec soin toutes les positions, il a déterminé avec exactitude la ligne de partage entre les vallées des deux Nils ; enfin il a observé les populations et fait des remarques neuves et d'un véritable intérêt sous le rapport des mœurs et des usages, ainsi que du type physique des races humaines. L'auteur a classé ses dessins en deux grandes séries : la première, consacrée à l'architecture et aux constructions de tous genres et de tous temps ; la seconde, à la géographie et au voyage proprement dit. L'une et l'autre présentent un véritable intérêt.

« Le plan de publication de M. Trémaux est sage et judicieux ; il compare les constructions des peuples non civilisés à celles des nations plus avancées. » (*Monit. universel du 7 mai* 1851.)

Le gouvernement, en effet, voulut que ces travaux fussent publiés sous son patronage.

Que notre voyageur fouille la terre ou qu'il sonde les fleuves, qu'il exhume le passé ou qu'il interroge l'avenir, ce n'est pas le crayon qui marque ses impressions, c'est son cœur. Sa sensibilité, loin de s'émousser au milieu des dangers, des fatigues, des sables arides et des coutumes grossières ou barbares où il vit, prend un diapason d'une délicatesse touchante. Pour lui, pyramides, monuments, terrains, vestiges, nature est accessoire ; c'est l'homme qui est tout. Sa pensée est ramenée sans cesse à lui. De là, cette sorte de lumière qui semble voltiger autour de ses pages ; c'est comme une âme cherchant l'être où elle s'incarnera et s'arrêtant à tout ce qui a voix ou forme humaine pour l'examiner. Quelque charme qu'ait un site, quelque plaisir qu'il ait à une découverte, qu'il entende un souffle, qu'il passe une ombre, et la science est délaissée ; le philosophe court après son semblable, Sésostris, Rhamsès, Alexandre ou un nègre.

Doué de facultés si vives, une souffrance cruelle lui était réservée, celle d'être poursuivi sans cesse par le spectacle de l'esclavage. Rêve affreux, auquel il ne peut croire, dont son cœur saigne et qui met à son front sa première ride. Ici, c'est un vieillard ruisselant de sueur et fléchissant de fatigue, dont les épaules noires et nues portent les marques striées de la courbache; là, c'est une *cédaci* qu'une matrone force au rôle d'almée ; un peu plus loin, un homme qu'on empale, un autre qu'on a scié ; à chaque pas, des êtres qu'on enlève à leurs toits, à leurs familles et que d'autres êtres hideux mènent entravés, par bandes, à coups de bâton, comme de vils troupeaux.

« En suivant péniblement les sentiers à peine tracés qui serpentent à travers les forêts sans fin du Fa-Zoglo, nous vîmes venir à nous une caravane composée de cavaliers et de piétons, ou plutôt un convoi; car nous aperçûmes briller en l'air des baïonnettes. Elles étaient portées par des cavaliers vêtus du costume militaire égyptien. Les uns avaient pour monture des chameaux, d'autres des ânes. Je remarquai avec étonnement que les piétons avaient le cou passé dans une espèce de fourche; les poignets étaient fortement attachés à l'embranchement de la fourche qui retenait le cou. Les branches de celle-ci, rapprochées derrière la nuque, étaient tenues écartées par un étrésillon, ne laissant que l'intervalle nécessaire à la respiration du patient. De plus, une corde reliait cette espèce de carcan à la selle des cavaliers. On se sentait ému par l'air d'abbattement qui se peignait sous la sueur ruisselante de leur visage. D'autres avaient seulement le cou saisi de la même manière entre les branches d'une grosse fourche à long manche, laquelle était attachée à la selle des chevaux ou des chameaux. Dans ce système, le point d'attache étant hors de la portée des mains du captif, on avait pu se dispenser de les attacher aussi; mais l'infortuné était soumis à une autre espèce de supplice encore pis que le précédent. Ainsi tenu par le cou, il était obligé de subir toutes les secousses causées par l'inégalité de la marche des animaux, les coups qui leur étaient administrés ou les accidents du sol. Ceux qui étaient attachés aux flancs des chameaux avaient en outre à endurer cette espèce de tangage que produit l'animal dans sa marche; car la terrible fourche est d'une grosseur et d'une force telles, qu'elle puisse résister aux efforts les plus désespérés du captif.

« Ces infortunés étaient des esclaves nouvellement réduits et conduits en Égypte; ils avaient encore quatre à cinq cents lieues à faire ainsi avant qu'on pût se relâcher de cette rigueur. Jusque-là on est obligé de leur laisser ces entraves jour et nuit, faute de prisons ou de lieux propres à les enfermer sûrement. Ce n'est que quand on a mis entre eux et leur pays toute l'étendue des déserts, qu'on peut, sans crainte, diminuer ces barbares précautions. La douleur arrache-t-elle à ces malheureux la promesse de ne faire aucune tentative d'évasion si l'on adoucit leur position, on leur répond qu'on n'en peut rien faire, et, comme le loup à l'agneau, que, s'ils ne sont pas coupables, ce sont leurs pères qui l'ont été en tentant de recouvrer leur liberté.

« C'est ainsi qu'une première iniquité en enfante bientôt une seconde, et que la nécessité de s'assurer du captif conduit l'asservisseur à la cruauté.

« A la suite de ce convoi venaient quelques Djellab; ceux-ci conduisaient principalement des femmes, des enfants. Les pauvres créatures, étant plus faibles, les liens étaient moins rigoureux; quelques-unes étaient placées sur des charges de chameaux, d'autres cheminaient et même portaient quelques effets. Mais ce qui était surtout pénible à voir, c'était l'expression des sentiments dont étaient empreintes les physionomies de ces pauvres créatures. Elles jetaient de temps à autre des regards désolés sur les montagnes natales qui allaient bientôt disparaître pour jamais. Ah! quelle tristesse! quels regrets! Les enfants seuls pouvaient les manifester par des larmes, que venaient refouler la menace et, au besoin, la courbache du Djellab. Quant aux autres, n'essayons pas de peindre leur douleur; les paroles sont trop froides pour de telles situations. »

Mais il ne peut se dérober à cette douleur. Des hommes souffrent, qui sont comme lui sensibles aux sentiments de la famille, à la poésie de la nature. Avec eux, il dit adieu à la montagne, à la case, à la patrie, mais écoutons-le lui-même.

« Ces montagnes bleuâtres, que j'allais visiter d'un œil tranquille, étaient pour ces malheureuses créatures l'Éden d'ici-bas. Dans l'antre du colossal boabab et des rochers primitifs, l'enfant avait joué avec ses compagnons; il s'était balancé, là-bas, sur les guirlandes de lianes et les rinceaux de cactus qui relient l'arbrisseau à la cime élancée de l'arbre séculaire; là-bas, sous les dômes impénétrables du sant odorant, des palmiers, des tamarins, des lauriers, des tertar, sont les cachettes mystérieuses, pleines de tendres souvenirs; là-bas est l'épais ombrage qui a protégé la case et le lit végétal où la mère a bercé son enfant. Oui, c'est là-bas, sur ces géantes montagnes, que l'homme, après avoir cueilli dans la forêt les fruits nécessaires à sa famille, venait sur le haut rocher, dans la roulalda, léger belvédère ombragé d'un euphorbe, goûter le repos et la fraîcheur, en face des vastes horizons et des généreuses campagnes de son pays.

« Cette douce patrie était encore là, visible au loin, mais sur le point de disparaître pour jamais aux yeux des pauvres êtres qui se tordaient sous les liens et sous la courbache des djellab. Puis chacun de ces infortunés songeait à sa famille comme lui ravie, à l'enfant, au fiancé, à l'époux, à la mère, tués dans le massacre ou emmenés d'un autre côté dans l'esclavage! Et, à tous ces tourments de l'âme se joignaient les souffrances physiques de ce cruel voyage, sous l'affreux carcan. Enfin, pour espérance, pour avenir, qu'avaient ces malheureux?.... Si la mutilation n'est pas leur partage, s'ils ont vaincu les souffrances et les privations de toute espèce, si la mort les épargne dans le désert, que leur reste-t-il? Pis encore : une vie sans espoir, l'avilissement! Pour qui veut bien se figurer la véritable situation de ces infortunées créatures qui passaient ainsi devant nous, il n'est pas besoin de demander la signification douloureuse des tristes regards jetés en arrière, de ces têtes tombant sur la poitrine, de ces soupirs, de ces sanglots étouffés, refoulés par la courbache, de ces traits altérés.

« Après être resté quelque temps à regarder tout ce monde d'un œil hagard, anxieux; lorsque tout cela eut disparu comme un affreux rêve, comme une vision impossible et cependant très-réelle, je me retournai fort ému du côté de ma route pour m'arracher à ce poignant tableau qui semblait encore être devant mes yeux. »

A la fin il éclate; tous les ressorts de son âme sont trop surexcités; son cœur s'ouvre; il l'exhale dans un drame impitoyable, cruel, qui serre la poitrine. Son *esclave fugitive* est le dernier terme de la douleur, l'appel déchirant d'un homme épouvanté de tant de supplices. Ce n'est plus pour sauver des acropoles ou des basiliques de l'oubli qu'il a fait dès lors ses voyages du Soudan et de l'Ethiopie, mais pour arracher les nègres à leur misère et cela en marquant tous leurs pas de larmes et de sang.

En vain, il voudrait fuir tant d'horreur, l'horreur s'attache à lui, et quand le drame se noue, c'est sur une figure d'ange qui jette sa lueur radieuse de captive et de martyre sur la bande horrible de ses bourreaux.

Comme ses compagnes, elle est la proie du Turc; mais ce n'est pas de ses propres souffrances que son cœur gémit. Là, au milieu des esclaves qui viennent à pied, une femme dont les cheveux grisonnent, se traîne épuisée, mourante, déchirée. Cette femme, c'est sa mère qui, en la défendant contre ses ravisseurs, a été prise, enchaînée et meurtrie. Sa mère! Et elle ne peut rien pour l'aider, la soulager, la délivrer! O Turcs barbares! Djellab farouches! Ne voyez-vous donc pas les regards désespérés de cette enfant? Ses soupirs ne vont-ils jusqu'à vous? N'avez-vous ni filles, ni âme pour torturer ainsi son cœur? Au moins, rapprochez pour souffrir ensemble ces deux êtres qui n'en font qu'un. Que la même corde les lie, que le même coup les frappe. Si vous tuez l'une, que l'autre meure avec elle!

Mais non, celle ci n'est pour vous qu'une vieille *balek*, et l'autre est une *cédaci;* la première sans valeur; la seconde, marchandise fraîche et qui élèvera l'enchère du bazar. Allons, la *balek* ne peut plus se soutenir, la balek aux bêtes! Et au tournant du chemin, vous la jetez dans la forêt pour être la proie des lions.

Pauvre *cédaci!...* Tous les rangs passent, et sa mère n'y est plus. Tout le convoi est là et son œil l'y cherche en vain. Et le jour va finir, et les forêts vont s'emplir de leurs hôtes féroces. L'abandonner! non, non. Voici un gué, puis le croisement de deux caravanes dans les sentiers de la forêt qui amènent de la confusion. La cédaci a disparu. « La nature qui fait, au besoin, d'une mère une tigresse pour défendre ses enfants, avait aidé la faible fille a rompre ou défaire ses liens; elle s'était glissée dans la forêt, inaperçue de ses asservisseurs. » Cependant son évasion est signalée. Et le Djellab de courir à la chasse de la fugitive. « Tout endurci qu'il était dans son métier, il sentit une voix de la nature qui lui dit : c'est vers la mère abandonnée qu'il faut aller. » Il traverse de nouveau le fleuve et « voit près d'un buisson la malheureuse fille accroupie vers sa mère et lui prodiguant des soins urgents; elle ne paraissait pas même regarder le Djellab qui, suivi de son aide, s'avançait à pas lents pour la saisir.

« La mère, dont l'œil scrutateur sondait le voisinago, les vit la première, car elle fit un geste et prononça un mot, une exclamation qui voulait probablement dire à sa fille : fuis! car la pauvre enfant fit, en effet, quelques pas, mais, revenant plus vite encore vers sa mère, elle jeta un cri déchirant : c'était une prière, une prière à attendrir un cœur de pierre. »

La lutte est alors entre la fille et les traqueurs, entre la mère et les ravisseurs. Tout hurle : les hommes, les fauves, les voix des bois, les mânes des victimes déjà ensevelies, les cris dominants de ces deux âmes torturées, broyées, et, dans ce déchaînement de deux passions contraires, l'une toute de bestialité et de force, l'autre de sentiment et d'énergie, les douleurs de tous les captifs qu'on entraîne maudissant les hommes et la nature. La force triomphe. Seul contre ces iniquités, l'auteur ne peut rien. Tous ses sens en frémissent. Où chercher un refuge contre cette vision, comment chasser ce souvenir? Il a vu « l'esclave que l'on expose à l'encan se croiser avec le chameau, l'âne ou tout autre animal que l'on promène pareillement; » il a vu « jeune ou non, l'esclave n'avoir pas le droit d'avoir de la pudeur et être promenée au bazar presque nue; » il a entendu dire d'un cadavre jeté à l'eau, qu'il voulait retirer, afin qu'on puisse prendre des informations et l'inhumer ensuite : « Peuh! bah! C'est un nègre, un esclave, personne ne s'occupera de *cela!* » Il sait que « quand on a tout pris à l'esclave, jeunesse et beauté aux femmes, activité et force aux hommes, il ne reste plus à ces malheureux qu'à subir de mauvais traitements et à expirer sous la peine; » le comble vient d'être mis à son horreur par cette scène affreuse et frémissant, anxieux, désespéré, sans recours, sans pouvoir, il crie à Dieu, à travers les déserts et les abîmes :

« Pitié, mon Dieu, pour cette race!
Pitié! Hélas, Pitié! »

Jusqu'à lui, nous avions entendu la foudre dans les savanes, les tourbillons du vent dans les herbes des pampas; mais ce que nous n'avions pas entendu, c'est, dans une tempête plus effroyable des passions et des instincts, cette conspiration de l'homme contre l'homme, et, au lieu de la nature aveugle, inconsciente, roulant ses grondements sur le monde animé, l'assaut désordonné et les rumeurs féroces de tout ce qui respire, sent, raisonne et vit contre une race gémissante et asservie.

« Le vent qui soufflait dans les arbres de la forêt mêlait mille murmures au tumulte des pensées douloureuses qu'avaient fait naître en moi les scènes poignantes de cette journée. Toutes les figures désolées, toutes les expressions de douleur que j'avais vues le matin, me revinrent à la mémoire.

« J'entendais le cri de la vieille négresse s'échappant en notes aiguës et prolongées... Je voyais encore la mère tendre les bras vers sa fille puis vers le ciel ; je voyais les plus cruelles angoisses se peindre tour à tour sur ses traits... Il me semblait entendre ses plaintes :

Grand Dieu, que vois-je ? oh ! c'est infâme ;
Déjà le blanc, le monstre blanc
Souille son corps, glace son sang !....
Prenez, grand Dieu, prenez son âme ! »

« Dans ce moment, c'était l'heure où les animaux sortent de leurs repaires ; heure solennelle dans ces régions sauvages, où l'homme qui n'a pas rejoint son gîte doit penser aux apprêts protecteurs pour la nuit. A ma droite, vers le mont Fa-Zoglo, les hurlements commençaient à se faire entendre, puis de proche en proche, se répondaient dans la forêt comme de sinistres échos. A travers tous ces accents dont les bois frémissaient, il me sembla distinguer une lointaine et faible voix, jetant comme dans un gémissement ce douloureux appel : O ma mère !.... Je me retourne involontairement, j'écoute et je n'entends plus rien ! rien que la forêt agitée par les rafales, et les bruits qu'accentuait mon imagination tristement surexcitée.

« Mais se répand un bruit sonore ;
Plus anxieux, j'écoute encore.....
Des animaux, j'entends la voix sauvage
Se disputer un corps demi-mourant ;
Chacun dévore un membre palpitant,
Et du tronçon ensanglantant la plage,
S'échappait quoi ?.... des sentiments pieux ;
Ces mots : Adieu !.... pitié !.... montaient aux cieux.
L'un est amour, l'autre prière ;
C'était encore la pauvre mère. »

Il semble en lisant ces lignes lugubres qu'un gouffre sans fond s'ouvre à vos pieds et que mille génies désolés en sortent, répétant sourdement leur désespoir et leurs sanglots.

Cette femme délaissée, cette enfant ravie, ce double amour maternel et filial outragé, ces menaces suspendues sur ces deux têtes chéries, les glapissements des hyènes qu'on entend, les soupirs des esclaves qui sont au loin, l'évocation de toutes les hécatombes du passé et la fatalité qui pèse sur l'avenir, quel calvaire noir, sinistre, de l'esclavage dans tous les temps !

Pitié ! oh oui ! pitié, pitié (1) !

(1) Nous apprenons au dernier moment que l'*Exploration*, ayant publié sur l'esclavage un article composé sur les notes de M. Trémaux, le vice-roi d'Égypte a donné des ordres pour qu'on ne vendît plus d'esclaves dans les bazars. Si notre ouvrage pouvait ajouter une nouvelle mesure d'humanité à celle-là, nous remercierions M. Trémaux de nous avoir associé à cette œuvre.

D'autres loueront M. Trémaux comme savant, nous trouvons aussi grand et plus doux de l'aimer comme homme. Ceux qui voudront le connaître sous ce jour liront le *Soudan et le voyage en Ethiopie*. Il s'y révèle tel que nous le connaissons, âme vaillante, sensible et grande.

On entend parfois dire des novateurs et des moralistes : « A quoi bon leurs idées, leurs plaintes? Se figurent-ils pouvoir réformer le monde ? Hé! jouissons donc du présent, voilà la vraie philosophie ! »

A quoi bon leurs idées ? A assurer notre bien-être.

A quoi bon leurs plaintes ? A améliorer nos institutions et nos mœurs, et elles en ont besoin !

Jouir du présent? Celui-là en jouit vraiment qui y joint l'avenir.

> Hé bien, défendez-vous au sage
> De se donner des soins pour le plaisir d'autrui?
> *Cela même est un bien que je goûte aujourd'hui.*

Une remarque curieuse à ce propos, c'est que les plus prompts à critiquer les hommes d'étude, de labeur ou de bien, sont ceux-là mêmes qui, s'ils n'avaient eu pour ancêtres quelques sages à la façon de La Fontaine, seraient demeurés des arrière-neveux sans aucun ombrage ; c'est que ceux qui critiquent le plus les figures contemporaines sont les plus attachés au culte des figures anciennes, dans leur temps bafouées, raillées, rouées ou crucifiées par des hommes ennemis comme eux de toute nouveauté.

Pour en rester au chapitre du Soudan et de l'esclavage, sans les Bernardin de St-Pierre, les Beecher-Stowe et les Trémaux, des milliers d'êtres humains n'auraient pas été arrachés au bâton du planteur, partant ce bienfait n'aurait pu s'étendre des victimes aux bourreaux et à nous tous, car le voisinage approché ou éloigné de la servitude est funeste. Sans les explorateurs et les hommes de cœur comme M. Trémaux, on n'aurait pas songé à ouvrir le Soudan au commerce, ce dont profiteront les deux mondes.

La Belgique, en effet, a entrepris de former une société internationale en vue de la répression de la traite des noirs et de l'Ouverture de l'Afrique centrale. Que réussisse ce noble dessein ! Il a tous nos vœux. Il faut tuer ce Moloch qui dévore chaque année des milliers de douces et laborieuses familles. Les conquêtes géographiques méritent notre admiration ; mais conquérir à la vie et au bonheur tant d'innocents qu'on enchaîne, dégrade ou tue, quelle pensée digne d'intéresser grands et petits, peuples et rois.

A nous, femmes, pour cette grande œuvre ! Priez et donnez

pour d'autres mères, pour d'autres épouses, pour d'autres filles comme vous, car le nègre est bon. Il a des égards, dit M. Trémaux, même pour l'oiseau qui vient près de sa demeure.

Là, plus qu'ailleurs, j'ai vu des pères tenir et caresser de tout petits enfants comme le ferait la mère chez nous.....

La plupart des montagnes étaient naguère encore habitées par les populations nègres ; mais depuis la domination égyptienne, toutes celles qu'il a été possible de cerner et d'assaillir pour réduire les habitants en esclavage l'ont été. Dès le début, en 1821, elles furent prises par trahison en trompant la bonne foi des nègres ; sur certains points on ne trouva que des femmes qui préférèrent se laisser tuer plutôt que de suivre les Turcs..... L'esprit de famille est plus développé qu'on ne paraît le croire chez le nègre, ce qui pourrait bien être pour quelque chose dans le moindre degré de qualité civique qui le met à la merci des autres peuples. *(Voyage au Soudan).*

Nous nous glorifions d'être dans un siècle de civilisation ; que nos actes en témoignent ! Que les traces que nous laisserons à la postérité de notre passage ici-bas disent : ils firent des heureux.

Telle est la pensée qui a poursuivi et qui poursuit notre voyageur, à qui nous revenons sans lui demander pardon de cette digression, assuré qu'il a été le premier à y applaudir.

Et avant d'arriver à l'œuvre maîtresse qui devait le placer au premier rang des savants, disons qu'il parcourut aussi la régence de Tripoli, la Grèce, l'Asie Mineure, celle-ci dans tous les sens. On se battait alors en Crimée. Ce nom et les souvenirs qu'il réveille ne sont-ils pas une raillerie, après ce que nous venons de dire de l'esclavage ? On soutenait les premiers adversaires que rencontreront précisément les libérateurs des nègres ! Pourquoi faut-il que la politique vienne étouffer et contredire nos plus beaux penchants?

Il est deux courants où nous pouvons embarquer nos existences : l'un, rapide et trouble, l'autre doux et limpide ; le premier qu'on descend au bruit des combats et des festins de la chair ; le second, des chants et des joies de l'âme : là, l'abondance et la première place au banquet, au prix de la faim et de la vie de son voisin ; les seconds jaloux d'étendre au loin la liberté et le bonheur ; un jour enfin pour un vaisseau l'orage, la tempête, la révolte à bord, le massacre des uns et le naufrage de tous, et pour l'autre la brise, les ondes faciles, l'accord des passagers, les hymnes de paix, l'amour, l'éternelle harmonie. Nous avons pris le premier courant ; prenons garde à l'abîme !

Et puisque la science nous montre que la plupart de ces querelles nous viennent de l'ignorance, allons à la science qui fera tomber nos haines. C'est ce qu'écrivait M. Trémaux à l'époque où nous sommes de sa vie :

« Aux questions que nous faisons, dès que nous commençons à réfléchir, on fait des réponses mystiques que contredit bientôt tout l'ensemble des faits d'expérience et autres qui nous frappent de toutes parts. Que peut-il résulter de ces invraisemblances ? Rien de bon ; car la morale comme la science ne peut trouver une bonne base que dans la raison. Notre pensée revient malgré nous sur ces premières croyances ; la raison n'est pas satisfaite et le doute naît. Au contraire, si la raison est satisfaite, la confiance succède. La science a donc non-seulement ses droits ; mais elle doit être la véritable base de la morale : cela est d'autant plus nécessaire que l'homme a progressé, progresse et progressera. (*Origine des espèces et de l'homme*).

Alors qu'il pensait ainsi, M. Trémaux visitait la Terre-Sainte et la mer Morte. C'est là qu'avant la Compagnie du canal de Suez il constata le niveau des deux mers en comparant les travaux et les nivellements de l'ancien Institut d'Égypte, avec les hauteurs de l'inondation dans ces contrées. L'*Illustration* publia ses cartes et ses vues. Le tracé devait déboucher dans la Méditerranée à Péluse. P. Trémaux montra le danger qu'il y aurait à suivre ce plan à cause des dunes et le canal fut reporté à l'ouest dans les lacs.

***

Cette vie si occupée, si pleine de travaux, d'idées, de pérégrinations, n'était rien cependant. Il appartenait à cette organisation toujours en mouvement de rechercher et de trouver le principe de son activité ; il appartenait à cette nature généreuse, soucieuse par-dessus tout de son semblable, de lever un coin du voile qui cache notre origine et notre destinée.

Nous avons dit que P. Trémaux, dès son enfance, n'acceptait pas sans contrôle les notions qu'on lui enseignait. Enfant, il s'était attaqué à son instituteur ; homme, il osa rechercher *l'origine et les transformations de l'homme*, ce problème ardu où tant d'intelligences se sont heurtées.

Trois écoles sont en présence et se disputent, en s'opposant chacune un lambeau de la vérité. M. Trémaux découvre que le progrès des êtres a pour base la nature du sol habité, et chaque fait démontré par ces écoles confirme ce résultat. A mesure que le sol s'améliore, c'est-à-dire se couvre de couches nouvelles, l'être qui vit sur ce sol est plus parfait. Ce dont témoigne l'histoire du globe. Prenant aussi toutes les régions de la terre, M. Trémaux démontre d'une façon qui paraît irréfutable cette coïncidence des types avec le degré d'avancement géologique du sol : aux terrains les plus anciens, les types les plus arriérés ; aux terrains plus modernes, les hommes les plus avancés.

Cette règle est si absolue qu'on ne peut rencontrer un seul exemple d'une civilisation qui se soit développée, ni maintenue, en cas d'émigration, dans de mauvaises conditions géologiques.

Ce point acquis du progrès continu des êtres et de leurs transformations avec le progrès et les transformations de la terre, il fallait répondre à ces objections : « Pourquoi, entre les êtres, la chaîne est-elle rompue d'une façon si nette, qu'on puisse classer les êtres en plusieurs espèces ? » Pourquoi ne voit-on pas des changements continus dans l'espèce ? Pourquoi la fixité est-elle en générale si grande qu'on ne peut y constater les changements continus ?

M. Trémaux démontre la cause de ces faits à la suite de cet ouvrage. Quant aux critiques que nous ne lui avons pas ménagées pour distinguer la matière et l'esprit, il les accepte complément ; il avait même été confirmé dans cette distinction par la découverte du principe du mouvement. Nous pouvons donc encore abréger ces détails.

Et ayant parcouru le cycle entier de la création, de tout le passé déroulé à ses yeux, quelle déduction en tire-t-il pour l'avenir ? Celle-ci : que notre vie est pleine de promesses et d'espérances, car l'homme seul a conquis une supériorité et des qualités suffisantes pour pouvoir vivre sur toutes les parties du globe sans changer d'espèce. Tout autre espèce pourra s'éteindre, ou se transformer; l'homme, au contraire, progressera sans changer d'espèce et il en montre la cause...

« Ce merveilleux avenir, seul, confesse M. Trémaux, est digne de l'être suprême qui, d'imperceptibles atomes, fit progressivement l'univers..... Quoi de plus admirable que cette incommensurable nature, où tout s'enchaîne tellement bien qu'il suffit d'un seul acte de condensation d'atomes, de rien, pour que des astres immenses, des milliers de soleils, puis chaque planète, chaque être, animal, végétal ou autre, en découle à son tour. Plus nous approfondissons ces choses sublimes, plus nous voyons grandir l'esprit qui les anime. » (*Origine des espèces et de l'homme*).

A ce moment les deux ministres de l'Instruction publique et des Beaux-Arts rivalisèrent pour consacrer la gloire de l'homme éminent. Aucun ne le voulant céder, tous deux le décorèrent.

A nos yeux, ce ne fut pas assez. L'Académie des Sciences morales eût dû se montrer jalouse d'inscrire aussi sur ses tables un nom qui fait honneur à l'humanité. Car si l'on ne peut parler qu'en termes élogieux du savant, de l'érudit, du pionnier intrépide, que dire de l'homme, du penseur ? Tel est le vrai secret en effet de sa voix douce et persuasive qu'à son amour de la science joint l'amour de l'humanité.

L'Académie des sciences lui avait ouvert largement les colonnes des *Comptes rendus*. Mais, hélas, on s'aperçut que : la transformation de l'homme qui est conforme à la tradition, entraînait celle de tous les êtres, ce qui ne l'est plus !... M. Trémaux fut mis à l'indexe de la philosophie officielle, comme s'il était cause des contresens de la tradition ! Dès lors, tout changea de face à son égard. Mais il ne s'arrêta pas là ; il voulut au contraire savoir le dernier mot de cette science si terrible.

Ses recherches furent des plus heureuses, il découvre la cause des mouvements des astres. Alors il jette le gant à Newton, il fait plus, il découvre le principe du mouvement et de la vie.

C'est ici l'apogée de sa gloire.

Depuis longtemps le système de la gravitation, incomplet, défectueux, ne répondant pas à tous les phénomènes sidéraux, absorbait toute son attention. Newton lui-même était fort embarrassé d'expliquer comment toute matière ne manifeste pas d'attraction près de la terre, pourquoi les planètes se meuvent, pourquoi leurs orbites sont à peu près circulaires, tandis que celles des comètes sont très-allongées, pourquoi les orbites se trouvent dans un plan très-voisin de l'écliptique, tandis que celles des comètes ont toute espèce de directions ; pourquoi les étoiles, soustraites à la force centrifuge, sont retenues et empêchées de tomber les unes sur les autres, etc., etc. Toutes ces questions et mille autres se résolvent par la même loi.

Un jour P. Trémaux s'écrie : J'ai trouvé, *ce n'est pas attraction, c'est répulsion relative.*

« Un matin, fatigué de recherches, je sortis avant l'aurore pour jouir de notre fraîche campagne. La nature était calme, elle semblait attendre le soleil pour s'animer. La rosée condensée sur la pointe végétale va se vaporiser, me disais-je; la séve qui dans ce moment agit dans un sens va bientôt, sous l'influence du soleil, agir dans l'autre; les corps contractés vont se dilater. Il y a donc réellement effet contraire par suite de l'influence alternative de la lumière et de l'obscurité, ou ce qui est à peu près la même chose, de la chaleur et du froid. Hier soir, étant à cette même place, la nature semblait fatiguée du jour, tout était chaud, et, comme si le soleil eût *repoussé* son œuvre accomplie, nous étions, suivant la rotation de la terre, emportés loin de lui avec une grande vitesse. Ce matin, la nuit vient d'agir à son tour, tout est froid, et nous volons, au contraire, comme précipités du côté du soleil, avec une vitesse de plus de trois cents mètres par seconde. C'était encore la chaleur et le froid produisant des effets opposés. Les faits les plus divers semblaient confirmer la même loi.

« En rentrant à la maison, une chose qui mille fois s'était présentée à mes regards sans que j'y fisse attention, m'arrêta court et me frappa vivement; c'était simplement le pot au feu. La flamme, qui ne le touchait que d'un côté, y faisait monter l'eau et les légumes; de l'autre côté, l'action plus froide de l'air et de la paroi du vase contribuait à les faire redescendre au fond, pour recommencer leur évolution. Eh quoi, me disais-je, c'est encore le mouvement de la terre devant l'action du soleil : il rompt l'équilibre et la terre tourne comme l'eau dans ce vase par suite des différences de densité et de chaleur *(Principe universel)*.

Une fois sur la voie, rien ne l'arrête plus ; l'expérience confirme son hypothèse. *Tout choc ou vibration de corps donne de la pression ou une répulsion dans l'éther comme ailleurs*

— *Sous une même force les vitesses sont d'autant plus grandes que les corps sont moins denses. — Les corps se transmettent d'autant mieux cette force vive de répulsion qu'ils sont plus semblables et d'autant moins qu'ils sont plus différents.* — Son principe n'est pas applicable seulement à la matière, aux astres, aux marées, aux courants, à l'électricité, mais au règne végétal, à la vie animale ; il explique la génération, les mouvements du sang et de la sève ; il le formule et l'intitule : PRINCIPE UNIVERSEL DU MOUVEMENT.

Quel n'est pas son étonnement en entendant aussitôt savants, médecins, prêtres et philosophes lui dire tout troublés : « Taisez-vous, malheureux, votre système est le bouleversement de la société ; vous sapez les bases de la morale, de la religion... » Toute action matérielle répond à ma loi, dit le novateur; mais ne craignez rien, Dieu a aussi fait la part de l'action volontaire et de l'intelligence.

Plus heureux que ses prédécesseurs, on ne le torture pas ; plus heureux que *Salomon de Caus*, on ne l'emprisonne pas avec les fous, ce qui témoignerait que la Révolution a fait de bonnes choses, mais tout ce que l'arbitraire possède encore d'armes est dirigé contre lui. Sous l'instigation académique on enleva de force ses démonstrations du *Principe du mouvement* qui avaient été reçues dans la section du Ministre de l'Instruction publique à l'Exposition universelle de 1867. A l'Exposition du palais des Tuileries, où le *Principe* avait été appliqué aux courants marins, etc., on crut qu'il suffisait de lui accoler un système ridicule, signé « *Asinus* » pour détourner l'attention. Mais le *Principe* fut fort remarqué. Alors on le proscrit de l'Exposition de 1878!!!

Pourquoi cet éternel mauvais vouloir de la part de ceux qui sont spécialement commis à notre protection ? Quel peuple étrange sommes-nous pour jouer ainsi avec nos gloires, nos richesses, nos affections les plus profondes et les plus pures ? Hélas, le préjugé, voilà l'éternel ennemi de la science! Au Congrès des sciences géographiques, M. Trémaux demande la parole. — La parole, souffle M. d'A. au Président *étranger*, la parole à ce Satan qui a osé inscrire en tête de son exposition : *la science vraie, c'est la richesse et la paix !* La parole lui est refusée. Mais M. Trémaux a la vérité pour lui. M. Trémaux estime qu'un Français, promenant son flambeau en présence des Représentants réunis de toutes les parties du monde, relèvera l'autorité de son pays aux yeux de ce monde qui le croît dégénéré et perdu. Il insiste ; il parle. Quoique renfermé dans le programme géographique, que démontre-t-il? Aux applaudissements de tous, la cause, non pas seulement des marées semi-diurnes, comme le prétend le principe de Newton, mais des marées diurnes et semi-diurnes, la cause et le sens des courants d'air, des trombes, des cyclones, les causes principales des vents, des courants marins. L'auditoire est conquis. Il décide à l'unanimité que cette théorie sera exposée en séance générale. Le jour de cette séance arrive et la séance se termine sans que M. Trémaux ait vu son tour de parler venir. Des savants, des académiciens, des Français, usant des sourdes menées de l'obscurantisme, l'avaient empêché de tenir haut devant l'étranger le drapeau de la science et de la France ! Petites gens !

Jusque dans son village qui lui est redevable d'importants travaux et du meilleur projet qui lui a valu le passage de la route nationale, on lui crée des misères, des difficultés.

Eh bien, soit, que l'incapacité soit envieuse, que le despotisme s'effraie d'une idée nouvelle, c'est logique ; l'incapacité est grossière et ne voit pas au delà du cercle d'un écu ; le despotisme est fou de peur et ne peut subsister que tout, autour de lui, ne soit frappé d'inertie. Mais la science pâlir, se troubler devant une découverte, et en prendre des jalousies de coquette !.... La science ravaler jusque-là sa valeur et son caractère ! Voilà ce qui passe toute raison.

Nous concevons qu'on mette de la prudence, qu'on marche avec mesure dans les nouvelles voies, mais s'obstiner 10 ans à ne pas vouloir reconnaître celle que sillonne la lumière, nous doutons que les moins aventureux prononcent que ce n'est pas trop.

Or, depuis que le *Principe universel du mouvement* a été formulé, sachez-le bien, on va répandant par notre pays que vous êtes jalouse de n'avoir pas eu la fortune de découvrir ce principe, et, par pays étrangers, qu'il est des savants dans votre compagnie, mais de plus savants encore dehors.

Voilà le bruit que la malice fait courir.

Dame Académie, prenez garde ! Il y a danger à ce rôle de la *Belle au bois dormant*, dans un temps où dorment si peu messieurs les Escholiers. Vite, rejoignez-le, hâtez-vous ! Il va comme un géant ce gas que nous avons vu en petits sabots. Hé ! M. Pierre, attendez donc ! Dame Académie vous voudrait dire deux mots ! Eh bien, allons, parlez-lui donc ! avancez-vous, embrassez-le ! — Fi donc ! un matérialiste ! — Ah ! le mot est dit : M. Trémaux est un impie ! M. Trémaux est un athée ! Eh bien, non. Dans l'origine des espèces et de l'homme que dit-il ?

« Hommes de science, qui scrutez, étudiez la nature sous toutes ses faces, loin de vous disputer, de chercher la contradiction, remarquez qu'il suffit de réunir, d'assembler toutes les œuvres le plus sérieusement élaborées pour obtenir le plus admirable ensemble.

« Et, parmi ces œuvres, laissons en tête celle qui dit : après avoir tiré la terre du néant, séparé la terre et les eaux, fait naître les plantes, donné le jour aux animaux, Dieu fit l'homme du limon de la terre ; il se reposa ensuite. L'homme, dans son ignorance et son insuffisance, a toujours rapetissé la divinité, en quelque sorte malgré lui, par la tendance qu'il a à lui attribuer des moyens analogues à ceux dont il dispose ; son ignorance le mettait dans l'impossibilité de saisir toute l'étendue de la puissance créatrice ; mais à mesure que la science se développe, il reconnaît Dieu de plus en plus grand et puissant. »

Vous avez entendu ? Est-ce là propos de matérialiste ?

Si nous examinons son ouvrage sur le *Principe universel du mouvement*, nous aurons encore plus de raisons de le disculper de cette accusation de matérialisme dont on a voulu entacher son système. On y lit :

« Ainsi, pour peu que nos philosophes veuillent bien ouvrir les yeux, ils verront que les phénomènes ne répondent pas à la seule loi du mouvement, mais que divers ordres de faits spéciaux interviennent avec cette loi ainsi qu'il suit :

1° Dans la matière inorganique règne la force fatale.

2° Dans les règnes animal et végétal, la force fatale combine son action avec une influence héréditaire dont l'action tient à un état de choses insaisissable et qui remonte aux générations les plus reculées.

3° Dans le règne animal seul, intervient le principe de la volonté et l'intelligence bien autrement remarquable, qui intervient dans les principaux phénomènes de la vie, et qui permet d'aller ici ou là, de faire ceci ou cela, tandis que l'action matérielle a ses conséquences inévitables. »

C'est donc M. Trémaux qui démontre contre vous-mêmes la nécessité de la volonté, et qui vous combat quand vous voulez faire de cette volonté une équation mathématique, une force fatale, et quand vous n'accordez d'autres qualités à l'homme que celles d'une laitue (*Comptes rendus*, t. 84, p. 264 et t. 51, p. 520).

D'ailleurs êtes-vous donc si adroits quand vous dites : l'action solaire est inévitablement $1/2 M V^2 = F$ et que cette même force fait, comme l'a dit M. Trémaux, reculer une face de la terre ou du radiomètre et avancer l'autre ! C'est vrai, dites-vous, mais nous savons que la face réfléchissante reçoit 2F/V, tandis que la face absorbante ne reçoit que F/V. Et, double malheur, l'expérience montre juste... le contraire ! Stupéfaits, vous modifiez vos V, en pillant le *Principe du mouvement* ; ce qui n'est rien moins que délicat... Appelez, appelez M. Trémaux, Messieurs !

C'est notre gloire à nous que son génie, et c'est notre bienfaiteur. La fortune n'a pas voulu qu'il aille vous trouver par la porte des écoles où vous avez été élevés ; il est venu vous surprenant par les fenêtres. La place est à lui comme à vous désormais et son siége dans nos assemblées sera d'autant plus haut au-dessus des vôtres, que le destin vous avait placés plus haut au-dessus de lui. Votre fortune vous a aidés, et lui son énergie. Beaucoup de vous ont été mus par la satisfaction de leur ambition, il l'a été par le désir d'être utile à tous. Il n'est pas une œuvre de sa vie qui ne porte empreint son souci de l'humanité.

Parmi les sauvages et les civilisés, au milieu des noirs et au milieu des blancs ; dans l'art et dans la philosophie, son rêve constant est l'homme dont il veut alléger les maux et les tristesses. Tandis que votre science, plongée dans la voie des réticences, se drape dans une fausse présomption, alors qu'elle ne fait que se fermer à elle-même la voie de la lumière. Au contraire, M. Trémaux, non-seulement, rend compte des causes de la chaleur et de ses applications, il rend compte de tous les phénomènes matériels de la nature si utiles à l'homme et les trois règnes de la nature sont embrassés dans ses solutions.

Ce n'est pas sans un étonnement douloureux qu'après la lecture attentive de l'ouvrage de M. Trémaux, on voit l'Académie repousser systématiquement un principe, dont les résultats et les conséquences sont inappréciables. Il est vrai que, sous un nom et sous un autre, elle pille chaque jour ses découvertes ; mais est-ce un rôle digne de notre Académie des sciences de prendre à autrui son bien pour dissimuler les erreurs et les abus du passé? c'est au public à faire justice en acclamant les théories et l'auteur qu'elle repousse.

Il n'est pas facile d'obtenir de M. Trémaux le récit de ses luttes contre le mauvais vouloir qu'il a déjà rencontré. Les traits si nombreux de trahison et d'hostilité qu'il cite, ne sont rien auprès de ceux qu'il garde dans le silence de son cœur. Il a dit les premiers parce que cela est nécessaire à son but, au bien de tous ; il tait les autres.

Mais pour nous, biographe, ce sont précisément les faits qui peuvent mettre en relief le caractère intime de notre héros, qui ont du prix; sans doute, les œuvres ont leur valeur en dehors de toute autre considération ; mais combien plus nous les estimons quand leur auteur jette sur elles l'éclat d'un nom pur et d'une vie de sacrifice et de dévouement.

En insistant pour savoir la cause de l'interruption d'un de ses ouvrages, nous avons arraché à M. Trémaux un secret dont il nous est défendu d'avoir pitié ; ne nous étant engagé à rien envers lui, et jugeant que ce dernier trait achèvera le caractère que nous avons essayé de tracer, nous le rapportons. Il est court d'ailleurs. La lumière est instantanée, l'inspiration soudaine, le bien prompt. Voici :

M. Trémaux avait été mis en demeure de renoncer à la publication de son ouvrage : « *Principe universel du mouvement,* » sous peine de voir interrompre un autre travail auquel étaient attachées une partie de sa gloire et une rémunération d'une trentaine de mille francs. Gloire et rémunération ne touchaient que lui ; la divulgation de son principe intéressait l'humanité; il sacrifia son ambition, bien légitime cependant, et sa fortune, et fit paraître *le Principe universel du mouvement.*

« Nul n'est prophète dans son pays » dit aussi le proverbe, et c'est en effet l'Académie impériale russe de Moscou qui, frappée des découvertes de M. Trémaux, vient, l'une des premières, de le nommer son membre étranger. Voici le diplôme et la réponse :

AUSPICIIS (Armes de Russie) AUGUSTISSIMI

POTENTISSIMI ATQUE CLEMENTISSIMI PRINCIPIS

ALEXANDRI SECUNDI

OMNIUM RUSSIARUM IMPERATORIS ET AUTOCRATORIS

ET CETERA

Societas Cæsarea naturæ curiosorum mosquensis

Conventu die XV septembris anni MDCCCLXXVII sociis suis adscripsit ordinariis

VIRUM NOBILISSIMUM, DOCTISSIMUM

EQUITEM PETRUM TRÉMAUX

(Grand sceau)

Praeses, *A. Fischer de Waldheim.*
Vice-Praeses, *Dr C. Renard.*
Secretarii, *H. Frautschold et L. Saboneeff.*

Réponse de M. Trémaux.

Charcey, par Saint-Léger-sur-Dheune (Saône-et-Loire),
le 8 octobre 1877.

Monsieur le Président,

Je vous prie de bien vouloir transmettre l'expression de mes remerciements et de ma reconnaissance à la Société impériale des Sciences de Moscou, qui vient de me faire l'honneur de me nommer l'un de ses membres étrangers. Cet encouragement d'une Société impériale à marcher dans la voie du progrès, m'est d'autant plus sensible, qu'il contraste avec ceux de notre Académie d'un État républicain qui agit comme si elle redoutait le progrès et la science.

Votre Société a raison de ne pas confondre la science qui multiplie le bien-être pour toutes les classes de la société, avec les intérêts des partis qui s'épuisent en luttes pour le conquérir aux dépens les uns des autres sans le demander à l'instruction.

Par la science, tout est bienfait. L'importante découverte du *Principe universel du mouvement* qui me guide, a un autre avantage inappréciable : c'est de distinguer de la manière la plus satisfaisante les principes différents des actions matérielles et volontaires, ce qui nous débarrasse de ces prétendues solutions mathématiques ou fatales de action volontaire par des équations dites *singulières*, car la volonté est bien réelle.

C'est donc à tous égards que le principe du mouvement, si simple pourtant, est digne de considération, et je suis heureux de remercier la Société impériale de Moscou, qui a été l'une des premières à donner des encouragements à ma découverte.

Veuillez bien recevoir, Monsieur le Président, l'expression de ma respectueuse affection.

TRÉMAUX.

Le *Correspondant de Bâle* qui reproduit cette lettre ajoute : On se figure à l'étranger que si la France est sujette à tant de variation dans sa marche, la faute en est aux masses chez qui pénétreraient difficilement les idées de progrès. Cette croyance est erronée. L'esprit du peuple est ouvert à toutes les lumières ; ce sont les grands qui la lui cachent, de peur qu'éclairé il ne réclame sa part des bienfaits de la civilisation, et sans voir que multiplier la science c'est multiplier la richesse.

Une nouvelle preuve nous en est offerte aujourd'hui par notre Académie des Sciences au sujet de M. Trémaux et nous fournit l'occasion de constater combien les classes élevées sont en France moins libérales que partout ailleurs, même en Russie.

La réputation de cet illustre savant étant parvenue jusqu'en Russie, la Société impériale des Sciences de Moscou désira lire ses œuvres et dès qu'elle en eut reconnu le mérite et la portée, elle lui fit remettre sa nomination de membre de la société en recherchant ses lumières.

Si nous résumons cette vie enfin, nous la voyons pleine d'une originalité puissante. Nature laborieuse, esprit ouvert aux conceptions les plus diverses, intelligence avide d'inconnu, âme sans cesse en quête de son principe et de son essence, raison hardie et maîtresse cependant d'elle-même, homme par-dessus tout, homme bon et vrai, puisant aux sources de son cœur et de sa conscience, sa verve, sa verdeur, sa foi mâle et son éloquence; tour à tour artiste, savant, voyageur, écrivain et philosophe, notre héros ne cesse pas d'être un moment sur la brèche, apôtre s'occupant de tous et de tout, excepté de lui-même.

Peu de carrières ont été fournies comme la sienne; aussi, jugeant malséant d'attendre pour les honorer que les grands hommes soient morts, est-ce avec une respectueuse fierté que nous devançons l'histoire et ajoutons à son frontispice ce nom glorieux : TRÉMAUX. Nom inséparable de la plus grande découverte dont l'homme puisse jouir.

ED. LEDEUIL.

ORIGINE

DES ESPÈCES ET

DE L'HOMME

Avec les causes de fixité et de transformations

§ 1. Transformation des peuples blancs en nègres observée en Afrique. — Qui de nous ne s'est posé une foule de questions en songeant à la multitude des êtres animés qui couvrent le globe, en examinant un insecte ou en suivant des yeux la fourmi qui trace sa route? Tout d'abord on reconnaît entre tous ces êtres tant de points de similitude, un si palpable enchaînement de formes sous leurs variétés apparentes, que le plus souvent on désigne les parties analogues par les mêmes noms.

Aux questions que nous faisons dès que nous commençons à réfléchir, on fait des réponses mystiques que contredit bientôt tout l'ensemble des faits d'expérience physique et autres qui nous frappent de toutes parts. Que peut-il résulter de ces invraisemblances? Rien de bon; car la morale, comme la science, ne peut trouver une bonne base que dans la raison. Notre pensée revient malgré nous sur ces premières croyances; la raison n'est pas satisfaite, et le doute naît. Au contraire, si la raison est satisfaite, la confiance succède. La science a donc non-seulement ses droits, mais elle doit être la véritable base de la morale; cela est d'autant plus nécessaire que l'homme a progressé, progresse et progressera.

Me trouvant en Égypte, au pied de ces monuments que la plus haute civilisation a couverts d'hiéroglyphes, il me sembla qu'ils appartenaient à l'histoire moderne, en comparaison des seuls phénomènes récents qui encadrent ces monuments. En effet, les couches de limon du Nil qui soutiennent leur base, comparées à celles qui sont au-dessous, montrent qu'avant leur fondation il s'était déjà écoulé des périodes considérablement plus longues depuis que le Nil a commencé à déposer son limon. Les couches de grès horizontales et taillées en falaises qui bordent ce fleuve font voir que ses érosions, probablement plus puissantes jadis, à moins qu'il n'y ait eu soulèvement progressif, ont antérieurement creusé cette vallée. Les érosions, en se portant tantôt à droite, tantôt à gauche, ont atteint jusqu'à trente kilomètres de largeur sur cinquante ou soixante mètres de profondeur.

En franchissant ces plateaux, on trouve, principalement sur le Mokatam, de vastes forêts pétrifiées dont les innombrables troncs brisés, souvent à peine disjoints, semblent étaler à nos regards rêveurs la richesse végétative qui a couvert ce pays à une époque géologique antérieure aux effets que nous venons de signaler. Dès lors, combien cette antiquité monumentale se rabaisse devant cette simple comparaison géologique, qui pourtant n'appartient qu'à une époque relativement récente!

L'antiquité égyptienne perdit infiniment de son attrait pour moi; par cette seule comparaison et mes idées remontant plus haut, c'est l'homme primitif qui avait animé la terre avant d'avoir atteint cette vieille civilisation, cependant déjà si avancée, qui devint l'objet de mes préoccupations. Pourtant ces hiéroglyphes avaient encore leur utilité; car ils nous confirmaient d'autres traditions qui accusent un mouvement des peuples s'avançant de ce pays vers la Nigritie.

Qu'étaient devenus ces peuples de l'Orient répandus en Afrique? Ma route était tracée, je me dirigeais précisément vers le Soudan; mais comment les reconnaître? La chose me semblait si difficile, que parfois j'écartais ces idées comme offrant des difficultés insolubles. Pourtant un grand ensemble de phénomènes vint frapper mon attention et me ramener plus fortement à ces préoccupations d'origine qui avaient si souvent éveillé ma pensée. Je vis que plusieurs circonstances tendaient à accuser la transformation des peuples qui s'étaient avancés de l'Orient, vers le centre de l'Afrique.

« Dans les états barbaresques, j'avais été frappé de la différence des types indigènes avec ceux des Soudaniens et surtout ceux des nègres qu'on y rencontre. Me rappelant les opinions des naturalistes, je pensai simplement qu'il s'agissait, selon les uns, de différentes espèces d'hommes, ou bien, selon les autres, de races qui auraient été diversifiées d'abord par des causes primordiales, inhérentes au premier état de notre planète et ensuite modifiées par des croisements et quelques faibles actions de milieu. Mais, en partant de l'Égypte pour remonter vers la Nigritie, je vis que, malgré toutes les invasions, les bouleversements, qui ont porté les plus grandes perturbations dans les populations de ces contrées, on reconnaît néanmoins une progression d'ensemble assez régulière dans la modification de ces peuples. Ce n'était pas cette bigarrure de types et de couleurs qu'auraient dû laisser les diverses migrations qui sont venues peupler ces contrées. Il me sembla qu'il y avait dans ce fait une cause grande et puissante qui posait là son empreinte et harmonisait cette succession de peuples, selon une loi naturelle, indépendante de leurs mélanges, supérieure au croisement.

La traversée du grand désert de Korosko vint faire une interruption dans les populations avec lesquelles nous étions en contact. Des Barabra ou Berbères occupent les deux côtés de ce désert, et, ce qui me surprit le plus, ce fut de voir que la fraction de ce même peuple, qui habite le côté sud du désert, est beaucoup plus noire que celle qui occupe le côté nord. La chevelure est aussi plus frisée. Ces habitants sont tellement noirs, que si l'on en voyait des individus dans nos pays, on les prendrait volontiers pour des nègres. Ensuite nous vîmes des peuples arabes dont le teint est également très-foncé, et, les comparant à d'autres Arabes blancs ou très-peu colorés que j'avais vus dans l'Afrique septentrionale, je n'en fus pas moins surpris. En continuant notre marche vers le sud, nous trouvâmes dans le Sennâr des peuples Foun ou Foungi (anciens Fout), dont le teint était entièrement noir, les cheveux fortement crépés et les traits en grande partie transformés dans le sens de ceux des nègres. A côté de ceux-ci et même plus au sud, joignant les peuples nègres, nous trouvâmes des Arabes, ou plus exactement des peuples désignés comme tels qui ne continuaient pas la progression ; ils étaient moins noirs, avaient les cheveux peu crêpés et les traits presque intacts ; mais aussi il y a peu de siècles qu'ils habitent ces régions reculées.

« Cet ensemble de faits frappa vivement mon attention. Je cherchai à reconnaître si la cause de ces transformations venait du croisement de ces différents peuples avec les nègres ou bien de l'influence du milieu ; car il ne pouvait être question d'hommes ainsi créés, puisque leur origine et leurs migrations sont connues et que des fractions de ces mêmes peuples sont répandues au sud et au nord des déserts, comme pour attester les différences actuellement survenues entre eux. Dans nulle autre contrée du globe, on ne peut suivre d'aussi loin la marche des peuples ; nulle part aussi les contrastes n'étant plus frappants, cette étude me semble mériter une sérieuse attention.

« Des raisons nombreuses et puissantes tendent à montrer que ces transformations sont dues à l'action des milieux. D'abord il résulte de mes observations, comme de celles des autres voyageurs, que les peuples d'origine asiatique, répandus au Soudan, loin de fraterniser avec les nègres, vivent avec eux dans un état de guerre acharnée et presque continuelle. Ensuite, les esclaves qui proviennent de ces guerres ne sont généralement pas conservés au Soudan, d'où il leur serait trop facile de regagner leur pays et où d'ailleurs les besoins sont très-restreints. Ils sont envoyés dans l'Afrique septentrionale, où, comme chacun le sait, les jeunes femmes esclaves sont d'un prix relatif à celui de l'homme qui atteste assez pour quel usage elles sont recherchées de leurs maîtres. Il y a donc là des croisements plus fréquents qu'au Soudan, et pourtant que voyons-nous? Au nord des déserts, l'homme noir passe au blanc, le peuple conserve son type, tandis que le blanc passe au noir dans le sud. Le croisement ne serait ainsi qu'un accident temporaire dont le résultat se perd peu à peu sous l'action des milieux, et ce n'est pas à lui qu'il faudrait attribuer le résultat définitif du changement.

« D'autres raisons viennent à l'appui de celles-ci. D'abord l'action des milieux et le croisement ont une manière distincte d'agir. Par le croisement, les traits se modifient de suite très-fortement et individuellement, mais surtout dans le sens propre au milieu sous lequel il se produit. Ainsi, en Europe, le métis passe plus facilement au type blanc, dans le Soudan au type nègre. Bien que les individus croisés se fondent de plus en plus dans le type général par une suite de générations, ce n'en est pas moins la marche du croisement que l'on observerait, quoiqu'à un moindre degré, s'il était le principal agent. L'action des milieux, d'après ce que nous voyons, agit, non en détail, mais d'une manière générale ; en commençant par modifier surtout le teint de plus en plus à chaque génération, elle agit moins vite sur la chevelure et plus lentement encore sur les traits :

« D'ailleurs s'il s'agissait d'un effet du croisement, au lieu de voir les peuples d'origine asiatique du Soudan complétement noircis, ils auraient nécessairement conservé sur le résultat du mélange une part d'influence proportionnelle à la part considérable qu'ils y ont apportée. Il est donc facile de voir que c'est, en somme, l'action des milieux qui a transformé ces peuples au Soudan. Le croisement n'est considéré comme le principal agent que parce que ses effets sont tout d'abord très-saisissables, mais il ne saurait expliquer que partiellement et incomplétement les faits que nous signalons.

« Pour constater la cause de cette transformation, d'autres moyens s'offrent encore à nous, c'est de voir si les peuples d'origine asiatique qui ont pénétré dans l'Afrique centrale sont modifiés dans une mesure proportionnelle au temps qu'ils ont passé dans les régions *nigricentes* et à leur degré de rapprochement de ces régions, au lieu de l'être proportionnellement aux usages qu'ils auraient de se croiser. Ici encore cette règle s'applique bien aux peuples dont on connaît les migrations. Elle devient même un moyen de s'éclairer à l'égard des fractions de ces mêmes peuples qu'on a perdues de vue dans les migrations. Ainsi, en même temps que telles parties des peuples arabes et berbères sont restées blanches dans l'Afrique septentrionale, quoique soumises aux croisements, les autres fractions de ces mêmes peuples qui se sont établies au Soudan, ou même isolées dans les oasis, sont transformées en proportion du temps qu'elles y ont passé. La même progression se remarque chez les Foun ou Fout qui, étant les plus anciennement venus dans ce pays, avec des traditions historiques sont aujourd'hui très-rapprochés du type nègre. Si la cause de transformation des peuples, que nous reconnaissons encore par les traits, n'était pas due en presque totalité à l'action des milieux, il n'y aurait pas autant d'uniformité de modifications entre eux.

« Les Fout, que l'on retrouve aujourd'hui répandus au Soudan, furent chassés des bords du Nil par les Pharaons et particulièrement par Osortasen. Ne pouvant ici entrer dans plus de détails à leur sujet, nous renvoyons à notre volume *le Soudan*. Quant aux deux autres classes de populations, les Berbères et les Arabes qui représentent le second et le premier degré de transformation au Soudan, elles nous sont plus connues. Les Berbères appartiennent aux dynasties égyptiennes qui chassèrent les Fout dans le Soudan et dans les oasis de l'ouest. Les Arabes à leur tour, dont on connaît parfaitement l'époque des migrations, chassèrent en partie les Berbères dans la même direction. Ainsi ce qu'il y a de très-remarquable, c'est que, sauf les exceptions provenant de circonstances particulières qui même confirment la règle, ces trois grandes phases historiques marquent d'une manière générale les trois principaux degrés de transformation du type blanc au type nègre, par les portions de ces peuples qui se sont retirées au Soudan, tandis que les fractions qui se sont portées dans l'Afrique septentrionale ont conservé, à quelque classe qu'elles appartiennent, le type blanc, faiblement basané, que comporte cette région. Et cela, malgré les croisements avec les nègres, transportés comme esclaves dans ces contrées depuis la plus haute antiquité. Il faut bien reconnaître que la transformation est régie, en définitive, par l'action des milieux, puisqu'il y a une progression en rapport avec le temps qu'a duré cette influence et son degré d'action. On comprend que la transformation des peuples du Soudan ne pourrait être complète que s'ils avaient été soumis à l'action des régions les plus *nigricentes* qui paraissent être au sud du Soudan, dans la Nigritie centrale. Ajoutons que, relativement au teint, si les modifications de l'homme n'étaient pas dues, en somme, à l'action des milieux, on ne verrait pas, en avançant vers l'équateur, des graduations aussi régulières. Là, par exemple, où un peuple blanc a pénétré dans le domaine du nègre, une sorte de rayon, offrant sa couleur et son type, l'aurait suivi et aurait persisté indéfiniment en proportion de son importance, même dans le croisement.

« D'après ces observations il suffirait donc, à notre époque même, de l'action des milieux pour transformer l'homme de l'un à l'autre de ses types les plus extrêmes. Le résultat du croisement ne serait qu'un accident, immédiatement très-sensible, mais qui se perd peu à peu au profit du type propre au milieu habité. »

Telles sont les observations consignées dans mes voyages. L'influence des milieux sur les hommes était donc certaine; mais quelles en étaient les causes? Voilà le grand problème qu'il s'agissait de résoudre. A cette époque, mes recherches furent vaines. Le parallélisme de ces influences avec les régions équatoriales me ramenait toujours dans cette fausse voie.

Plus tard, mon attention fut amenée sur la coïncidence de l'amélioration progressive des différentes couches géologiques qui forment la croûte du globe avec celle des êtres qui les habitaient. Si ces deux grands faits sont la conséquence l'un de l'autre, comme cela paraît si naturel, les différents terrains, à notre époque, doivent aussi avoir une influence directe sur l'état actuel des êtres. Démontrer ce fait, c'était établir la loi cherchée. Une suite de recherches que je fis dans ce but se confirmèrent partout : En Afrique, en Asie, sur tout le globe ! Mais, de cette grande cause qui *diversifie* lentement les êtres, il fallait encore dégager l'influence des croisements qui les unifient plus rapidement par suite de ce fait que l'être créé est en général une type moyen entre celui de ses progéniteurs, ensuite l'action solaire qui tend à brunir les types quels qu'ils soient en approchant de l'équateur.

Mais la coloration n'est qu'un caractère de second ordre, le grand côté de la question est celui qui touche aux types physiques si divers chez l'homme surtout, qui vit dans toutes les régions du globe; c'est donc lui principalement qui va nous fournir nos exemples.

Une fois ces premiers points éclaircis, la part des influences secondaires dégagée, le problème s'éclaircissait; le charme était rompu. Les justifications se montrèrent sur toutes les parties du globe.

§ 2. **Coïncidence universelle des types avec la nature du sol.** — Si nous prenons d'abord ce qu'on appelle la race indo-européenne, répandue en Europe et dans une partie de l'Asie, nous voyons qu'elle n'offre le même type qu'autant qu'elle demeure sur un même sol, mais que ses types sont au contraire très-dissemblables, lorsque le sol diffère beaucoup lui-même.

Ainsi cette race est belle dans le sud et l'ouest de l'Europe, dans la Géorgie, la Circassie, la Perse, où le sol, richement entrecoupé, laisse prédominer les terrains les plus récents. Dans l'Inde, quand le terrain le comporte, on trouve d'assez beaux peuples ; mais dans sa péninsule, qui présente de grandes étendues de sol primitif, le peuple change très-nettement. C'est ainsi que dans les Nilghéries, région primitive, soumise à une saison pluvieuse, on trouve des peuples ayant la peau noire et la laideur du singe dont on leur a donné le nom. Et, ce qu'il y a de très-remarquable, c'est que dans la même péninsule, sous la même latitude, près de Bombay, on voit un des types les plus beaux, les plus nobles du monde. Aussi le sol appartient-il à des terrains récents, lesquels se relient à des terrains volcaniques qui ne doivent pas être confondus avec les terrains anciens, témoin entre autres l'île de la Réunion qui contient un peuple noir, mais d'un beau type. Cette noble race de l'Inde ne doit pas être attribuée à une migration récente; car, en comparant le type des basses castes avec celui des bas-reliefs des temples d'Éléphanta, dont nous possédons les documents photographiés, on voit que ces types se ressemblent et ont toujours appartenu à la même région. Cette contrée, étant en quelque sorte protégée par l'incapacité des peuples qui l'entourent, nous montre une fois de plus que la civilisation se développe d'abord sur les points où les peuples trouvent en même temps fertilité et sécurité.

Déjà, dans l'antiquité, les Perses et les Mèdes étaient réputés par leur beauté. Aujourd'hui, malgré les changements survenus, les mêmes types appartiennent toujours aux mêmes contrées. Chacun connaît la belle physionomie des Persans ; les Orientaux, en peuplant leurs sérails de Géorgiennes et de Circassiennes, nous disent assez que ces contrées qui renferment un heureux mélange de terrain n'ont pas dégénéré de leur antique réputation. Mais pour peu qu'on s'en éloigne, chez les montagnards Kourdes, où dominent les terrains anciens, on trouve de grandes bouches aux lèvres épaisses, de petits yeux et une expression sauvage qui contraste avec la noblesse de leurs voisins. Les Alains qui sortaient d'une région comprise entre le Caucase, le Tanaïs (Don) et la mer Caspienne, sont décrits par Ammien Marcellin comme une race analogue aux Germains ; cette contrée offre effectivement un terrain récent, comme celui de la Germanie. Aujourd'hui les Abkazes ont le type propre au pays ; mais les Kalmouks, venus dans ces régions depuis moins d'un siècle, ne l'ont pas encore.

Le type germain comprend les Scandinaves du Danemark, les Pays-Bas, le Nord de la Belgique situés sur un même sol. Il se montre aussi en Alsace, en Franche-Comté et même en Bresse où l'on voit de petites zones d'un terrain analogue. Pourtant il ne comprend pas le centre et le sud de l'Allemagne; c'est qu'en effet le terrain y est différent.

Les Bohêmes et les Serbes offrent le type slave le plus caractérisé. Dans l'un et l'autre de ces pays dominent les terrains anciens. Les Serbes d'ailleurs sortent d'un terrain de même formation, situé entre le Donetz et le Dniéper. Les autres Slaves, dit-on, sont plus ou moins mêlés de races diverses ; mais si nous consultons le sol, nous voyons qu'ils sont simplement dans d'autres conditions géologiques.

La Hongrie forme au centre de ces régions un pays composé de terrains récents ; aussi hommes et animaux y sont-ils supérieurs, et un proverbe de ce pays dit : « Hors de la Hongrie, on ne vit pas, ou si l'on vit, ce n'est pas ainsi. » La ceinture de terrains plus anciens qui circonscrit ce pays, explique suffisamment le dicton.

Les modifications qu'ont déjà subies les Suédois sont d'autant plus évidentes que les fractions de ces peuples qui ont demeuré dans les provinces danoises qui jouissent du même sol que l'Allemagne du nord, bien que non limitrophes, ont aussi acquis un type germain très-prononcé qu'on ne retrouve pas sur les autres natures de sol.

La Russie possède en grandes surfaces divers terrains assez anciens tels que ceux de l'âge paléozoïque à l'ouest, les terrains carbonifères et triassiques au centre et jurassiques dans sa partie nord. Ces terrains étant d'un âge ancien, ses populations sont aussi médiocrement partagées. Et, ce qu'il y a de remarquable; c'est que les peuples slaves qui ont dépassé le bassin du Niémen pour pénétrer en Russie, sont déjà en grande partie transformés, ce qui fait dire à leurs anciens compatriotes du sud-ouest, qu'ils sont abrutis par le gouvernement des czars. Si nous nous reportons aux contrées qui sont dans de meilleures conditions géologiques, nous y remarquons en général tout l'Occident et le sud de l'Europe et plus particulièrement la France, l'Italie, la Grèce, une partie de l'Allemagne, le sud-est de l'Angleterre et la partie orientale de l'Espagne. C'est en effet à que domine la civilisation.

Tout ceci nous montre que les types ne correspondent pas à ceux des régions indiennes dont on les fait sortir, mais bien à la nature du sol sur lequel ils vivent depuis un temps suffisant pour amener leurs transformations.

Dans l'extrême Orient, les documents géologiques sont rares. Pourtant nous savons, par notre dernière expédition, que les environs de Pékin offrent des terrains récents, d'une grande fertilité, qui s'étendent fort loin au sud de cette capitale. C'est dans ces régions que l'on trouve le plus beau type mongol, les Chinois y sont intelligents et ils ont la peau claire. Nous connaissons des terrains primitifs, près du lac Baïkal et dans les régions élevées d'où sort l'Iénisei. C'est là aussi que nous voyons les types les plus caractérisés, les plus déformés.

L'Australie nous offre des circonstances dignes de remarque. Depuis longtemps, les plus anciens voyageurs qui touchèrent à ce pays, décrivirent ses populations comme les plus disgraciées de la nature. Ce pays étant isolé au milieu de l'Océan, fortement séparé des autres continents, on considérait sa population comme ne devant appartenir qu'à une même race disgraciée. Aussi, quel ne fut pas l'étonnement général, quand de récents voyageurs déclarèrent avoir rencontré dans ce pays des populations assez belles et intelligentes. Les premiers récits de cette nature ne furent pas crus; cela ne devait, ne pouvait être. De nouvelles descriptions vinrent pourtant les confirmer; il fallut bien se rendre à l'évidence; alors on ne vit rien de mieux que de taxer d'exagération les premiers récits.

Aujourd'hui le voile tombe, différents voyageurs ont aussi recueilli des documents géologiques. En comparant ces données avec les divers types de populations, on voit que les premiers explorateurs touchèrent principalement au périmètre de ce continent qui est en grande partie formé de montagnes primitives et qui renferme des peuples très-arriérés. Les colonies qui s'y établirent, les voyageurs qui ont récemment traversé ce continent, reconnurent de meilleurs terrains, des plaines plus récentes et par conséquent trouvèrent des populations moins arriérées, plus intelligentes. En effet, lorsque l'on considère que ce pays est grand comme les deux tiers de l'Europe; on comprend facilement qu'il y a place pour diverses natures de sol et assez de distance entre les populations, pour que le croisement ne tende que faiblement à les unifier. Les différents rapports des voyageurs se trouvent ainsi expliqués et conciliés.

Chacun sait que l'Afrique septentrionale contient d'assez beaux peuples, faiblement brunis. Si nous examinons la formation géologique de cette zone africaine, nous voyons en effet qu'elle est avantageusement composée. l'Égypte offre des terrains récents dans des conditions toutes particulières. Ce pays présente d'un bout à l'autre un même sol d'alluvion, encadré de déserts soumis partout aux mêmes phénomènes, aux mêmes alternatives d'inondation et de sécheresse et donnant les mêmes récoltes. Ce même milieu doit nécessairement produire un même type, si ce type est réellement le produit du milieu. En effet, depuis Hippocrate, on a constaté cette unité de type.

En quittant la haute Égypte pour pénétrer en Nubie, les terrains d'alluvion du Nil sont considérablement réduits et l'on rencontre de temps à autre des zones granitiques. Le peuple aussi a beaucoup plus de rudesse que les Égyptiens. Dans la région sud du désert de Korosko, les terrains anciens se montrent assez fréquemment. A partir d'Abou-Hamed, les pluies commencent à mêler leur action à celle d'un soleil plus vigoureux; aussi nous y voyons un peuple non nègre, mais d'un teint déjà très-foncé et dont les cheveux ont perdu de leur longueur. Les régions les plus favorisées sont celles de Napata, Méroé et Naga où les terrains plus anciens cèdent la place aux grès, molasse, feldspathique, quartzeux et ferrugineux; où l'on voit des poudingues (macigno), des calcaires argileux et quelques surfaces de riches alluvions. Ce sont ces pays aussi qui présentèrent les principaux centres de civilisation. Mais bien que cette civilisation ait, pour ainsi dire, été apportée toute développée de l'Égypte, jamais l'art sur ce sol ne fut aussi pur ni aussi avancé.

Kartoum n'est qu'une Babel moderne de laquelle on ne saurait tirer aucune induction.

Le Sennâr offre entre autres le type Foun qui est, comme nous l'avons dit ailleurs, très-rapproché de celui des nègres. Pourtant ce peuple n'est pas d'origine nègre, et de plus il habite en partie les bords du fleuve Bleu, qui présentent beaucoup de tuf calcaire et de conglomérat empâté aussi de calcaire tuffeux recouvert d'un sol sablonneux.

Plus haut, vers le Fa-Zoglo, nous avons dit que l'on voyait un peuple arabe ou arabo-berber encore peu déformé. Pourtant les montagnes primitives qui renferment des nègres purs, sont à petite distance du fleuve. La nécessité de se défendre contre des voisins plus intelligents les oblige à occuper, non les vallées ou plaines qui entourent ces régions, mais les montagnes mêmes les plus escarpées qui servent de fortifications naturelles. Aussi je ne connais aucun endroit où deux types soient aussi nettement tranchés, quoiqu'à une aussi faible distance l'un de l'autre. Hommes et animaux changent en même temps; les moutons au bord du fleuve ont encore de la laine; dans les montagnes ils sont couverts de poil.

M. I. Geoffroy Saint-Hilaire fit de ces remarques l'objet d'une communication à l'Académie et en tira : « La confirmation d'un fait général déjà plusieurs fois signalé, dit-il, que le degré de domestication des animaux est proportionnel au degré de civilisation des peuples qui les possèdent. » Ici encore nous trouvons une confirmation de notre loi, en complétant ces remarques qui reposent sur des faits vrais. Et nous reconnaissons simplement qu'hommes et animaux, habitant un même sol, sont nécessairement arriérés ou avancés au même degré, selon que la formation géologique le comporte.

Si nous examinons la Nigritie, nous voyons cette contrée constituée en très-grande partie par des terrains primitifs qui fournissent des mines d'or, aussi bien à l'occident vers les sources du Niger, qu'à l'orient dans les régions que nous avons visitées. Là le fond des vallées même est composé d'un terrain rougeâtre, contenant des paillettes et des grumeaux d'or, mais surtout en grande quantité des débris de quartz de diverses grosseurs. Cette circonstance rappelle les régions analogues de l'Australie, où l'on trouve en même temps de riches mines d'or et des populations d'un type très-dégradé, et celles de la Californie où l'on voit une population peu favorisée et même plus noire que ses voisines quoiqu'en dehors des tropiques; régions qui, en effet, appartiennent presque exclusivement aux terrains primitifs.

Dans l'Afrique sud, Livingstone signale de vieux terrains et des types déformés. Mais en approchant de la vallée du Zambèse, le sol change et devient fertile et les populations s'améliorent en même temps. En remontant vers le nord, il trouve des pays élevés chez les Balonda; cependant il ne rencontre pas de roches primitives et pas de types réellement déformés.

Sur une carte, planches 83 et 84 de mon deuxième atlas de voyage, j'ai essayé, par une multitude de recherches, de déterminer la ligne de partage entre les peuples soudaniens et les vrais nègres. Je suis arrivé non-seulement à une ligne sinueuse, formant, à chaque région montueuse, des espèces de promontoires avancés de la race nègre dans le Soudan, mais encore à des sortes d'îlots nègres représentés par les plus gros massifs de montagnes. Aujourd'hui tout cela s'explique très-bien. Ces montagnes appartenant aux terrains primitifs, les habitants sont de vrais nègres ; tandis que leurs voisins des lieux bas, qui appartiennent à des terrains moins anciens, ne sont encore qu'en partie transformés.

Ainsi c'est la triple influence du soleil, des pluies équatoriales et des terrains plus anciens, parallèles à l'équateur, plus récents au nord de l'Afrique qui, en multipliant leurs actions, m'ont permis de saisir le fait de la transformation de l'homme. Jusqu'alors on répondait en riant aux traditions des Fout, des Oulofs, des Serers, à leurs usages, à leurs noms qui les font venir d'Égypte, du Yemen, de Babylone : « Oui, pauvre babouin, cherche tes titres de noblesse ! » Mais depuis que j'ai signalé ces faits de transformation, la Société de Géographie a changé de système et admis ces traditions recueillies par le missionnaire Santamaria par le sultan Mohamed (1853). Puis sont venues les confirmations linguistiques et autres, de Peney, d'Eichthal, et de diverses traditions anciennes (Voir notre 1re édition).

La formation du sol de l'Amérique est mieux connue ; aussi y trouvons-nous des faits les plus remarquables. En prenant, par exemple, la zone transversale située près du tropique du Capricorne, on voit à l'est, dans des régions élevées et primitives du Brésil, les Batacondos qui « sont les représentants les plus barbares et les moins intelligents du rameau brasilio-guaranien. » Ils occupent, en effet, le nœud principal des montagnes primitives. Lund a trouvé dans des cavernes, avec des ossements d'espèces éteintes, des têtes pyramidales à fronts étroits comme les habitants actuels, ce qui montre la persistance des types dans les mêmes conditions.

En se reportant au milieu du continent, sous la même latitude, on tr e le riche bassin du Paraguay et du Pilcomayo, où dominent les terrains récents ; aussi nous lisons ceci dans les descriptions des peuples de ces régions : « Les Abipones du Chaco se rapprochent du type européen, ils offrent de beaux traits, un nez à peu près aquilin, des formes assez bien dessinées, en même temps qu'une nuance de teint claire. Les Chiquitos habitant un pays arrosé et boisé ont une vie sédentaire, un caractère sociable. Les Tobas, nomades de la partie moyenne du Chaco, race belle et nombreuse, ont le nez aquilin, les yeux noirs, droits et non obliques, le teint cuivré clair, leur taille est assez élevée. »

Si, de ces belles contrées, nous avançons toujours sous la même latitude, nous retrouvons dans les Andes un sol primitif et en même temps des types les plus laids.

Au Pérou, le voyage, dit de P. Marcoy, nous montre un ensemble de faits non moins intéressants. En traversant le principal nœud de terrain primitif de la chaîne de montagnes des Andes sous le quinzième parallèle, il y trouve deux peuples : l'un, les Quechuas, occupent le sommet et le versant occidental, l'autre, les Antis, qui vivent sur le versant oriental. Ces deux peuples parlent des idiomes différents, mais se ressemblent quant au type qui est très-difforme. Au pied oriental des Andes, le voyageur suit les contours du fleuve qui l'éloignent parfois à une trentaine de lieues de cette chaîne dans des terrains meilleurs. Alors il trouve un peuple moins laid et plus intelligent, les Chontaquiros ; mais quand le fleuve le rapproche de la chaîne, il retrouve le type déformé des Antis.

Nous avons déjà dit quelques mots de l'Amérique septentrionale, particulièrement des Californiens. Remarquons encore que ces derniers ont quelque ressemblance avec les Esquimaux du nord, comme avec ceux du Labrador, quoique très-éloignés et séparés par d'autres régions, mais qui, selon toutes les données recueillies, occupent un même terrain. Signalons encore les habitants de Terre-Neuve qui, bien que sous la latitude de Paris, sont des sortes de nègres, par cela seul que ce pays est généralement formé par des terrains anciens et soumis à de fortes pluies.

Passant des faits particuliers aux faits généraux, nous voyons que la zone tempérée australe paraît en partie submergée, comparativement à celle que nous habitons : que, par conséquent, les plus faibles parties de continent qui surgissent hors des eaux correspondent aux régions les plus élevées qui appartiennent en général aux terrains les plus anciens. Il est donc dès lors tout naturel de trouver la zone tempérée australe occupée par des peuples inférieurs à ceux de notre zone correspondante.

Les animaux nous offrent des exemples si nombreux de coïncidence de race avec la nature du sol, qu'il serait superflu de s'étendre beaucoup à ce sujet. Nous allons nous borner à faire remarquer quelques faits que chacun est à même de vérifier.

On sait que les pâturages des terrains récents comme ceux de la Normandie, de l'Ile-de-France, de la Gascogne et d'autres bassins d'un sol favorable, nourrissent de belles races de bœufs et de chevaux ; que dans les régions plus anciennes telles que le Morvan, les Marches, la Bretagne, ces mêmes animaux sont plus petits, plus osseux. Ils sont proportionnellement plus vigoureux, plus nerveux, diront les éleveurs ; cela est vrai et je ferai la même observation à propos des races nègres africaines et beaucoup de races blanches. Il ne faut pas moins considérer les beaux animaux comme étant les plus avancés.

A propos des espèces végétales, rappelons simplement ce dicton « *tel sol, tel produit.* »

Un autre fait remarquable, ce sont les efforts que des esprits supérieurs, Buffon, de Humboldt et d'autres, ont faits pour concilier la similitude de position géographique et climatérique de l'Afrique et de l'Amérique du Sud, avec les différences considérables de leur faune. Nous savons parfaitement que les habitants des Andes et des montagnes du Brésil, qui ont le climat le plus rapproché de celui de l'Europe, ont, au contraire, les types les plus dissemblables ; tandis que les habitants des bassins plus chauds du Paraguay, du Pilcomayo, de l'Amazone offrent pourtant les types les plus rapprochés de ceux de l'Europe, comme nous l'avons rappelé. Ici encore, s'il y a contradiction relativement au climat, il y a une remarquable concordance avec la nature du sol.

Une autre circonstance très-digne de remarque, c'est que les grandes zones de formation géologique en Afrique diffèrent peu de parallélisme avec la zone tropicale; dans l'Amérique elles se rapprochent de la perpendiculaire. Eh bien! perpendiculaires ou parallèles, ce n'est pas avec ces zones tropicales ou climatériques que s'accordent les types; mais bien avec la formation géologique du sol.

En France même, malgré la division des terrains qui facilite l'action unificatrice des croisements, il est facile de distinguer les habitants de la Bretagne, des Marches, du Morvan, aux terrains anciens, de ceux des terrains plus récents. Les influences sont telles que M. Deloche, dans un ouvrage couronné par l'Institut, montre que la circonscription des anciennes provinces de France, des *Civitas* ou grand *Pagus* est souvent calquée sur les formations géologiques. M. Magne, M. A. Passy, en constatent aussi les influences, M. Bellomet, pour l'Antunois et le Chalonais. M. Jules Duval pour les *Ségala* (de seigle des terrains anciens) et les *Caussenards* (de calcaire ou sol récent, Aveyron) constatent les différences tranchées de l'homme et des animaux. Tous, et d'autres ensuite, justifient mes conclusions.

§ 3. **Transformations observées directement.** — En Grèce sont venus se croiser avec les Pélages d'autres peuples dits Indo-Européens ou orientaux d'origine. En Macédoine, en Ionie, est venue s'établir une race analogue à celle des Germains, qui est représentée comme ayant les cheveux blonds. Les Thraces, les Phrygiens, furent aussi représentés par un père de l'Église, Théodoré, comme ayant les yeux bleus et des cheveux roux. Où sont maintenant toutes ces races? Comme leurs prédécesseurs, le pays les a fait siennes et le type des Grecs modernes est toujours le type hellénique : noblesse de forme, front élevé, espace interloculaire assez grand, légère inflexion à la naissance du nez faiblement aquilin, yeux grands, lèvres supérieures courtes, menton saillant et arrondi. Tel est encore ce type. Même souplesse d'esprit, même facilité pour apprendre, même caractère artificieux; rien n'a changé malgré les invasions et les dominations étrangères.

De même que le type hellénique a persisté en Grèce, la campagne de Rome, à en juger par les monuments et les médailles, nous montre encore le type latin. A Naples, on trouve des habitudes de mollesse et de volupté qui caractérisaient déjà Capoue et Sybaris. Les campagnes de la Toscane nous montrent les formes arrondies, un peu lourdes, que nous avions récemment sous les yeux dans la collection Campana. Et nos bons ancêtres, les Gaulois, n'avaient-ils pas en partage la légèreté, la turbulence et la bravoure? Malgré les infusions étrangères, le même caractère n'appartient-il pas toujours au même pays?

Voici un fait qui vient de se passer sous nos yeux. A la suite des guerres de 1641 et 1689, les Anglais expulsèrent les Irlandais des comtés d'Armagh et de Down. Les uns demeurèrent dans le comté de Méath où le sol est à peu près le même ; les autres furent chassés dans la baronnie de Flews, jusqu'à la mer, sur un sol granitique et houiller très-pauvre. Aujourd'hui, bien que la première branche ait conservé son caractère primitif, la seconde est tellement modifiée, que, sauf la couleur, on la prendrait pour une population australienne arriérée. Ainsi, sans croisement, l'action du sol a seule causé cet effet.

En somme, qu'ont produit les migrations de l'orient, venant peupler l'occident ? Elles ont fait des Hellènes en Grèce, des Romains à Rome, des Gaulois en France et des enfants d'Albion en Angleterre.

Si nous passons sur d'autres continents, les mêmes résultats nous frappent de toutes parts. Sur certains points de l'Australie et de l'Amérique, le type anglais est attaqué dès la première génération. Dans l'Amérique centrale et méridionale, les créoles d'origine espagnole tendent à se transformer de plus en plus selon la nature du sol. L'ancienne race avait été repoussée dans les forêts et les savanes ; mais quel que soit le degré de l'infusion du sang, l'action du sol persévérant, ces régions auront bientôt reformé la vieille race presque pure.

Ce n'est pas toujours au désavantage des Européens que s'opère cette transformation. Sur les terrains récents de la Plata, par exemple, des Espagnols ont pris un plus beau type. Lorsque des peuples passent d'un mauvais terrain sur un meilleur, c'est naturellement le perfectionnement que l'on remarque. Les nègres purs qui arrivent aux Antilles, dit M. de Reiset, produisent des enfants qui ont déjà les caractères nègres atténués. La face, en particulier, s'éloigne de la forme de *museau*, et les générations suivantes se rapprochent de plus en plus du blanc. M. Lyel fait des observations analogues relativement aux nègres transportés dans les États du sud de l'Amérique septentrionale. M. E. Reclus estime que les nègres d'Afrique, transportés en Louisiane, se sont, dans l'espace de cent cinquante ans, rapprochés de leurs maîtres sous le rapport du type, du quart de la distance qui les séparait ; ce qui porterait à environ six siècles la transformation complète. Le sol de la Louisiane, il est vrai, est très-récent, il appartient à peu près entièrement aux époques tertiaires et quaternaires. Pour des hommes sortant des terrains primitifs de la Nigritie, il y a là une très-grande opposition, c'est-à-dire une action des plus puissantes.

En raison de la rapide succession des générations chez les animaux domestiques, les changements qu'ils subissent sont plus faciles à constater. Il n'est guère de cultivateurs qui ne sachent que les belles races des pays dont le sol est riche, transportées sur des terrains maigres, perdent de plus en plus leurs qualités à chaque génération pour prendre celles propres au pays sur lequel on les fait vivre.

Les mérinos d'Espagne, transportés dans différents pays, tendaient partout, au bout de quelques générations, à reproduire les moutons du pays. Malgré les plus grandes précautions, on n'a pu obtenir que des races dérivées ayant des caractères propres. Le cheval arabe, transporté en Angleterre, est devenu cheval anglais. Dans le delta du Rhône, le cheval barbe est devenu cheval camargue. Les chevaux d'Europe ont formé, sur le nouveau continent, autant de races américaines différentes entre elles, selon le pays qu'elles habitent.

M. Roulin a particulièrement décrit les transformations de beaucoup d'autres animaux, transportés de l'ancien dans le nouveau continent.

La loi qui nous occupe trouve des confirmations sous mille formes. Quand MM. Mérimée et Flourens disent que les races qui vinrent s'établir en Moscovie sont *mongolisées* aujourd'hui; quand M. Deloche reconnaît que la communauté d'instinct est préférable à celle de la langue; quand M. Duchinski, comme d'autres, constate que telles races sont pastorales par nature, telles autres agricoles ou sédentaires; quand on nous dit qu'un peuple une fois établi a une force d'absorption qui lui fait éliminer, comme type, l'élément étranger; quand on signale la variété de type en Europe, l'uniformité sur les vastes terrains de transition et perméen de la Moscovie et de la Sibérie, etc., etc. : tout cela c'est reconnaître, constater, sous diverses formes, la vérité de cette loi qui régit le monde.

§ 4. **Amélioration simultanée du sol et des êtres organisés.** — Les nombreux exemples que nous avons cités nous montrent, en effet, d'une manière indubitable, que l'amélioration des êtres dépend pour la plus forte part de celle du sol qu'ils habitent. Ce fait nous est démontré par la coïncidence générale de la perfection des types avec celle du sol. Dès lors, il est d'autant plus certain que cette loi de perfectionnement n'a cessé d'agir depuis l'apparition des premiers êtres organisés les plus simples, que la paléontologie nous l'affirme. Si, pendant le faible laps de temps dont nous constatons les effets avec les médiocres différences du sol à notre époque, nous observons des résultats si sensibles, qu'on juge des changements qu'a dû opérer la perfection successive de tous les âges géologiques pendant les immenses périodes de temps qu'ils ont duré?

Quant aux degrés qu'on remarque entre les espèces, nous allons montrer ci-après que loin d'être une difficulté, ils sont la confirmation de la marche que nous pouvons observer, de nos jours même, dans les lois de la nature.

Signalons d'abord la grande différence qui existe entre le sol primitif des premiers âges géologiques et le sol des régions primitives à notre époque. Le premier se compose des désagrégations faites à une seule époque, l'autre, de celles opérées pendant toutes les époques ; ce dernier est par conséquent plus élaboré, plus chargé de détritus, sans l'être autant que les terrains récents qui ont séjourné sous les eaux et reçu une grande partie des détritus des régions découvertes, entraînés par les pluies et les rivières. La différence est très-grande, puisqu'il suffit d'une certaine quantité de désagrégations récentes de roches anciennes pour rendre un sol complétement impropre à l'homme et amener le crétinisme. La paléontologie nous montre d'ailleurs, par la progression des êtres fossiles les plus avancés de chaque époque, la valeur de chacun des terrains qui se sont succédé. L'écart des types d'une même espèce tend à nous montrer celui des différents terrains pris à une même époque, sauf la part d'unification qui peut revenir aux croisements.

Nous avons vu que l'homme se perfectionne ou dégénère, en raison de l'âge récent ou ancien du terrain sur lequel il vit, et que, du moment où il atteint le type propre aux conditions dans lesquelles il se trouve, il ne change plus, tant que ces conditions restent les mêmes. Dès lors, chacun a dû pressentir l'immense portée de cette loi qui s'applique également à tous les âges du globe.

Nous voilà donc conduit à cette conclusion :

Les facultés intellectuelles ne devant agir qu'au moyen des éléments de force matérielle que la nature met à leur disposition, LA PERFECTION MATÉRIELLE DES ÊTRES EST OU DEVIENT PROPORTIONNELLE AU DEGRÉ D'ÉLABORATION DU SOL SUR LEQUEL ILS VIVENT ET A L'ÉTAT PHYSIQUE ! *Et, le sol est en général d'autant plus élaboré et favorable qu'il appartient à des formations géologiques plus récentes, comprenant les éléments les plus variés.*

Grande loi, si simple qu'il n'est pas un cultivateur qui ne considère comme une naïveté de dire : Tel sol, tel produit.

Grande loi, si puissante, si vaste dans ses effets, qu'elle va éclairer l'histoire, la politique, les sciences naturelles, nous conduire à l'origine des êtres et nous affirmer leur développement matériel proportionnel à celui des couches du sol, etc., etc.

Grande loi qui, en nous dévoilant un passé intime, nous révèle un avenir sublime !

§ 5. **Formation des espèces.** — « Le mot *espèce* est celui qui revient le plus souvent dans l'étude des sciences naturelles, il en est le premier et le dernier, a dit I. Geoffroy Saint-Hilaire, et le jour où nous en serions complétement maîtres, nous serions bien près de le devenir de la science entière. »

La plus redoutable épreuve pour le naturaliste, dit de Candolle, est de se prononcer sur l'*espèce*.

« Si toutes les espèces descendent d'autres espèces antérieures par des transitions graduelles presque insensibles, dit Bronn, comme beaucoup d'autres, comment se fait-il que nous ne trouvions pas partout d'innombrables formes transitoires ? Comment se fait-il que les espèces soient si bien définies et que tout ne soit pas confusion dans la nature?

« Ces difficultés sont si graves, dit M. Darwin, que moi-même j'en ai été longtemps ébranlé. Ce que les recherches géologiques n'ont pu nous révéler encore, c'est l'existence de nombreux degrés de transition, aussi serrés que nos variétés actuelles et reliant entre elles toutes les espèces connues : telle est la plus importante des objections qu'on puisse élever contre ma théorie. »

« Cette dernière objection est décisive, s'écrie M. Flourens... Cette distinction éternelle des espèces est à la fois la plus grande merveille et le plus grand mystère de la nature. »

« Le mystère des mystères, » avaient dit d'autres avant lui.

Eh bien, tous ces mystères vont tomber comme un château de cartes devant deux grandes lois : d'un côté l'influence du sol et des milieux qui *diversifie* les êtres, de l'autre le produit moyen des croisements qui unifie constamment dans la même espèce tous les êtres qu'une fécondité commune peut atteindre. Et pour connaître l'immense puissance d'unification dans l'espèce par les croisements, il faut remarquer que chaque être à 2 générateurs sur la première ligne ascendante dont il est la moyenne, 4 sur la seconde (deux grands pères et deux grand'-mères). Antérieurement 8 bisaïeuls, 16 trisaïeuls dont il est la moyenne. Bref, en continuant à doubler ainsi, chaque être est la moyenne d'un milliard de milliards de générateurs depuis soixante générations! Ainsi : le croisement groupe sous une même espèce tous les êtres qu'il atteint, ce qui les sépare en espèces distinctes ; *donc, l'espèce est constituée par tous les êtres qui, pouvant procréer ensemble, groupent par ce fait leurs descendants sous un type moyen et l'étendue des fécondités possibles et continues, fait précisement l'écart qui sépare les espèces voisines !...*

Remarquons, en effet, que le chien et le loup ou le cheval et l'âne, ne sont des espèces différentes que parce que leurs descendants ne peuvent pas reproduire de nouveaux métis, sans quoi ils se fondraient dans une seule espèce moyenne, par les croisements qui les rapprocheraient de plus en plus. Le chien et le loup forment des espèces différentes, parce que l'une vit avec l'homme, l'autre à l'etat sauvage et qu'elles se font la guerre. *La limite de la fécondité* d'une part et celle des conditions d'isolement de l'autre, forment donc nécessairement *la limite des espèces.*

Du moment où parmi une suite d'êtres, la fécondité ne peut s'étendre qu'à des fractions limitées par un certain degré de différence, que les êtres qui se ressemblent le plus se recherchent davantage, aussi bien pour leurs unions que pour leur société, que des besoins analogues les réunissent; il est évident que les fécondités possibles entre ces êtres, vont grouper de plus en plus leurs descendants sous un même type moyen. Qu'ensuite plusieurs groupes ayant une fécondité commune se croisent, leurs descendants se fondront encore sous un type moyen, et ainsi de suite de proche en proche. Quant aux êtres qui auraient une fécondité commune entre deux espèces voisines, ils se fondront conséquemment avec celle qui leur fournira le plus de générateurs. Voilà donc l'espèce inévitablement formée par les fécondités possibles et leur limite d'action.

Maintenant que nous connaissons les conditions qui diversifient les êtres et les conditions qui les unifient en espèces, il nous est facile d'en déduire les conditions nécessaires à la formation d'une espèce nouvelle. Il faut des conditions toutes particulières pour mener à bonne fin la formation d'une espèce nouvelle : il faut non-seulement que la race qui devra la former soit isolée du surplus de l'espèce, mais encore qu'elle demeure sur une nature spéciale de terrain, que, de plus, ce terrain ne soit pas de qualité moyenne, car il tendrait ainsi à maintenir le type moyen. Ce n'est donc que très-exceptionnellement qu'une nouvelle espèce peut se produire.

Mais, dit l'école de la fixité des espèces : nous vous montrons par des faits la fixité de l'espèce aussi loin qu'elle puisse s'étendre, montrez-nous également la transformation ?... Soit, messieurs, vous allez être satisfaits, bien que vous ayez les faits généraux pour la fixité et qu'il n'y ait que des faits spéciaux pour la transformation... Après la découverte de l'Amérique, des chats d'Europe furent transportés sur le nouveau continent, au Paraguay. Aujourd'hui ils y sont tellement transformés, qu'ils ne peuvent plus s'unir avec fécondité à leur espèce mère d'Europe. Dès lors, ils peuvent vivre à côté d'elle, sans cesser de demeurer une espèce distincte, bien que les chats de l'ancien continent aient persisté dans leur ancienne fixité, par suite du croisement entre les diverses races. Voilà donc une espèce voisine, dérivée d'une espèce mère, et les conditions de transformations aussi bien déterminées que celles de la fixité!... Voulez-vous un autre exemple? Prenez le cochon d'Inde d'Europe : il s'est transformé et ne se croise plus avec son espèce mère du Brésil qui, elle aussi, a persisté dans son « inébranlable fixité!... »

Buffon avait signalé comme une loi le fait suivant qui n'est qu'une conséquence des lois que nous exposons : « aucun animal du midi de l'un des grands continents, ne se trouve dans le midi de l'autre (On voit que l'homme ici fait exception). » M. Flourens a confirmé cette disposition des êtres, en reconnaissant comme lui qu'avant la conquête, aucune des espèces de l'ancien continent n'existait en Amérique.

A l'isthme de Suez, les faunes aériennes sont à peu près identiques, sur les côtes de la mer Rouge et de la Méditerranée : les faunes marines sont au contraire extrêmement dissemblables sur les rivages opposés. M. Edwards, entre autres, n'a pas trouvé un seul crustacé qui fût commun à l'un et à l'autre. Il en est de même à l'isthme de Panama. Ajoutons que les longues côtes maritimes, séparées d'une part par les grands continents, d'autre part par les bas-fonds des grandes mers, offrent pour la faune maritime les mêmes répartitions d'espèces, de genres, etc.

Cette distribution d'espèce correspond donc avec les *barrières naturelles* qui ont amené les relations entre espèces, genres, familles, etc., et cela à tel point que l'obstacle qui est une barrière pour telle espèce et non pour telle autre agit précisément en raison de cette condition.

M. Wallace d'ailleurs a signalé ce fait remarquable que la naissance des espèces coïncide, pour le temps et le lieu, avec une autre espèce préexistante et proche alliée.

La transformation des êtres par l'action du sol et du milieu, et leur groupement en espèces par la fécondité, expliquent tout cet ensemble de la manière la plus satisfaisante.

Par suite de la manière dont se forment les espèces, on conçoit aussi pourquoi les êtres unisexuels ou qui ne se croisent que très-rarement, sont aussi les plus variables; car ils perdent d'autant la faculté de s'unifier par le croisement. Enfin les êtres inférieurs qui se développent dans des conditions analogues doivent aussi être d'une même espèce par cela seul qu'ils se développent dans les mêmes conditions.

Quant à la disparition des espèces, quelques mots suffisent à l'expliquer. Elle est la condition nécessaire de l'équilibre vital dans les êtres organisés. Les facultés productrices du sol ayant une limite, les espèces les moins bien appropriées à l'époque et aux conditions de vie doivent naturellement s'éteindre devant celles qui le sont mieux. Et, les espèces nouvelles doivent le plus souvent l'emporter sur celles qui ont reçu une organisation moins avancée, ou qui étaient plus particulièrement propres à une époque antérieure.

Lorsque les adversaires de la transformation croient dire victorieusement : nous suivons la fixité des espèces végétales et animales jusqu'aux premiers temps historiques et même plus loin, lorsqu'ils citent des pins de Californie et des baobabs qui datent de plus de six mille ans et dont j'ai vu des troncs de 20 à 26 mètres de circonférence, on voit que cela n'a aucune valeur contre la transformation, puisque les semences de ces mêmes arbres ont pu être transportées sur d'autres sols, dans d'autres conditions de vie et y donner des espèces nouvelles en même temps que la fixité de l'espèce mère persiste sur le même sol.

Si les espèces se transforment, dit aussi l'école de la fixité et particulièrement M. Flourens, secrétaire de l'Académie des Sciences, pourquoi ne voyons-nous pas ces transformations? —

Parce que vous regardez d'un autre côté!

Ce savant qui a mis sous clef le chien et le chacal, dans l'espoir d'obtenir par ce moyen des espèces nouvelles, doit en effet penser qu'il suffit d'entr'ouvrir une porte ou de lever le coin d'un rideau pour voir cette opération. Et, ce qui est pis, il étudie une cause d'unification pour y trouver la transformation!...

Darwin, en développant les idées de Lamark, a cru que l'élection et la concurrence vitale suffisaient pour déterminer le perfectionnement des êtres, ce qui n'est pas; puisque les êtres dégénèrent sur les mauvais terrains où la concurrence vitale agit dans toute sa plénitude. Quand deux plantes ou deux animaux se gênent ou se disputent la vie, ils se nuisent mutuellement plus qu'il n'y a de différence entre deux sujets de même espèce. Si l'un triomphe de l'autre, c'est simplement le moins mal traité qui conserve la victoire. Si dix arbres plantent leurs racines où un seul eût pu devenir beau, la concurrence ne fait que des sujets rabougris. Elle n'a pas moins fait succomber de préférence les êtres les moins favorisés, ce qui constitue en réalité une sorte de choix entre les êtres les plus convenables aux conditions de vie dont il s'agit. Si, à ce résultat, se joint l'action d'un meilleur sol, il y a progrès réel. Mais si les mauvaises conditions de vie l'emportent sur ce choix, il y a dégénérescence. C'est ce que n'a pas compris Darwin. — En outre Darwin n'ayant compris ni la cause de la distinction des êtres en espèces, ni celle de leur persistance dans la fixité de l'espèce, il y a vu « *les plus graves objections que l'on puisse faire à la transformation des espèces.* » tandis qu'on y trouve l'explication même des conditions de la transformation.

Mais malgré ces quelques contradictions, ces lacunes, que M. Darwin a lui-même reconnues depuis nos publications, son livre contient une foule de remarques intéressantes; et, parmi les idées qu'il développe, il en est qui sont parfaitement appropriées à la manière dont les êtres s'adaptent au milieu dans lequel ils doivent vivre.

Avec nos lois toutes les objections que s'opposent les écoles deviennent des faits concordants. Ainsi faible durée relative de l'époque de transformation, peu d'êtres qui la subissent, groupement prompt en espèces distinctes, et son long maintien par la moyenne des conditions de vie. Dès lors, il n'y a pas à s'étonner que les êtres de transition soient si rares et ceux de la fixité si nombreux.

Établir la transformation des espèces en raison des modifications du sol, depuis les premiers âges, c'est franchir tous les degrés qui les séparent, c'est passer graduellement de l'être le plus simple au plus perfectionné, c'est dévoiler l'origine de l'homme au point de vue matériel et l'enchaînement des espèces.

Comme divers auteurs qui confondaient tout sous une même loi inconnue, nous en avions aussi fait dériver les qualités psychiques et morales. Mais dès que nous eûmes découvert le principe même de l'action matérielle développé à la suite de cet ouvrage et constaté qu'il est très-distinct, et souvent opposé au principe supérieur de l'intelligence, les phénomènes se distinguèrent nettement. Alors nous avons pu reconnaître qu'il n'y a là qu'une sorte de parallélisme, même assez variable dans les deux ordres de faits. Ainsi l'homme faible et débile est souvent plus intelligent que celui chez lequel les actions matérielles possèdent une bien plus grande puissance. Dans les diverses espèces d'animaux, l'instinct est loin de correspondre à la force matérielle. De plus, la puissance de la vie matérielle et celle de l'intelligence ne se développent pas parallèlement ni de la même manière et ne répondent pas au même principe. C'est donc l'insuffisance de nos connaissances qui souvent a fait confondre des résultats si distincts. De plus, le concours du principe supérieur de l'intelligence et de la volonté et celui de la force matérielle qui régissent les êtres, nous expliquent précisément le mélange des actions volontaires et fatales à certains degrés qu'on y rencontre.

§ 6. **Modifications des êtres, dues à l'état physique des différents âges du globe.** — M. d'Archiac par ses savantes recherches, a montré qu'indépendamment des modifications que les espèces subissaient dans les conditions spéciales de telles ou telles parties du globe, elles subissent aussi une grande action d'ensemble. Il s'exprime ainsi :

« Les formes qui ont une fois disparu ne se montrent plus; leur rôle est accompli; elles font place à d'autres qui disparaissent à leur tour, et si Linné a dit avec raison : *Natura non facit saltus*, on peut dire également : *Non retroit natura.* Nous voyons ces types naître, se développer, puis s'éteindre en même temps, sous toutes les latitudes, sous tous les méridiens, ou seulement influencés, dans les périodes les plus récentes, par des zones isothermes plus ou moins comparables à celles de nos jours. Mais que les couches soient concordantes sur des épaisseurs de huit à dix mille mètres, comme dans l'Amérique du Nord, ou que celles du même âge nous offrent des discordances à divers niveaux, comme dans l'ouest de l'Europe, qu'elles soient horizontales comme en Russie, ou bien redressées, plissées, tourmentées de mille manières comme en Belgique et dans les îles Britanniques, les changements survenus dans les animaux, depuis la faune silurienne jusqu'aux derniers sédiments carbonifères, n'ont été ni plus lents ni plus rapides; toujours et partout la nature organique semble avoir marché du même pas, insouciante en quelque sorte de ces accidents de l'écorce terrestre qui, quelque grands qu'ils nous paraissent, ont été cependant trop faibles pour l'atteindre, trop limités pour troubler ses lois. »

En effet la paléontologie nous montre dans les êtres des premières époques géologiques, des formes plus grandes et plus simples, puis de grands animaux d'un aspect lourd. Au contraire, dans les époques récentes, nous trouvons des formes moins grandes, mais plus complexes.

Pour rendre compte des changements continus depuis les premiers âges de la terre et indépendants des couches du sol, signalés par M. d'Archiac, il faut remonter aux grandes causes développées dans notre *Principe universel du mouvement.* Le soleil, comme tout autre corps, est enveloppé d'une atmosphère indéfinie de densité inverse des distances, de matière tangible ou non, dans laquelle sont équilibrées toutes les planètes. Or, à mesure que les couches géologiques se sont formées par les condensations d'éléments que les plantes et les animaux empruntent à l'atmosphère terrestre et, par suite, à l'espace céleste, la planète augmentait son enveloppe dense et s'approchait progressivement du soleil, de manière à s'équilibrer toujours dans son atmosphère de plus en plus dense. Il en résultait en même temps plus de densité d'atmosphère et, par suite, plus de *chaleur* et plus de *pression;* deux causes qui tendent à s'équilibrer. Mais il n'en résultait pas moins qu'aux premières époques, la terre était moins dense et la pesanteur moins forte à la surface de la terre. Par conséquent, ces plantes et ces animaux qui nous paraissent d'un aspect si lourd aujourd'hui, pouvaient s'élever ou se mouvoir avec une même facilité que ceux des autres époques, puisqu'il fallait pour celà une moindre force moléculaire ou musculaire. Les conditions physiques et géologiques ont donc changé progressivement en même temps que le travail et l'expérience des êtres les perfectionnaient d'autre part. De là les changements continus des espèces qui ne se trouvaient jamais dans les mêmes conditions de vie.

En outre, il s'est produit des différences de température équatoriales et polaires dont la science n'a pas encore dévoilé le mystère : Pour expliquer la similitude des végétations fossiles, équatoriales et polaires des premiers âges géologiques, M. de Candolle veut absolument une plus grande lumière, d'autres un refroidissement terrestre, ou un changement d'axe. *Le Propagateur de la Méditerranée*, non satisfait, pose ainsi la question (août 1876, p. 356) :

« La théorie de M. Trémaux, la plus belle qu'ait enfantée le « génie humain, puisqu'elle jette la lumière sur les questions « réputées jusqu'à ce jour insolubles, nous ramènera à l'obli-« quité de l'axe de la terre. Nous verrons alors tout ce qu'il y « a de rationnel chez les partisans du changement de l'axe. »

Pour cela, mon principe n'a besoin, ni de plus grande lumière, ni de changement d'axe, ni de refroidissement de la terre. Son atmosphère, au contraire, s'échauffe en se condensant. Les combinaisons et dissociations des corps sont régies par la chaleur expansive opposée à la pression de milieu. Les savants, ayant négligé cette dernière force, ont fait fausse route. Or la décomposition spectrale de la lumière montre que nombre de corps sont sur le soleil dans le même état que sur la terre ; ce qui confirme la progression indéfinie et simultanée d'atmosphère, de densité, de chaleur et de pression des corps denses. Sans ses conditions, tel corps que nous pouvons dissocier sur la terre, le serait bien autrement par la chaleur solaire.

La terre, en se condensant, s'est donc approchée du soleil, comme tout corps qui se condense dans notre atmosphère s'approche de la terre.

Pour expliquer la plus grande similitude des chaleurs polaires et équatoriales, il faut remarquer que la chaleur dépend, comme nous l'avons montré, de deux causes : d'abord de la densité du milieu ou d'atmosphère qui est sensiblement la même à l'équateur et aux pôles, ensuite de la puissance du rayonnement solaire qui est fort différent aux pôles et à l'équateur. Or, plus la terre était éloignée du soleil et plus son rayonnement qui différencie les pôles et l'équateur perdait de sa puissance. Il restait donc surtout le facteur calorique dépendant de la densité d'atmosphère qui est même plus dense aux pôles qu'à l'équateur. Telles étaient les causes des différences de pesanteur, de température et de pressions qui ont modifié les êtres d'une manière générale.

§ 7. L'homme seul possède une supériorité incontestable et ne changera plus d'espèce. — Comment l'homme s'est-il développé? ou plutôt qu'elle est l'espèce mère dont est sortie la première variété d'êtres assez perfectionnés pour mériter le nom d'homme? Telle est la question qu'on se pose sans pouvoir la résoudre d'une manière absolue, parce que cette transformation paraît s'être faite à une époque fort reculée et ne paraît pas, jusqu'à ce jour, avoir montré de traces suffisantes.

Mais, connaissant la loi de transformation des êtres, on peut être certain que l'organisation matérielle de l'homme, pas plus que l'une quelconque des vingt mille espèces et plus qui se sont montrées successivement à la surface du globe, n'est venue autrement que par la transformation progressive des organes matériels qui est la loi de la nature, la loi de Dieu, lequel n'a certainement pas délégué vingt mille fois un magicien, un escamoteur pour faire du surnaturel, pour faire apparaître vingt mille fois de pied en cap une espèce au bout de sa baguette. Lorsque Dieu sait faire découler les mondes et les êtres d'une seule loi, lui prêter une aussi piètre besogne serait se moquer de sa puissance.

Ce qui trouble les chercheurs dans la voie des transformations c'est qu'entre les anthropoïdes et l'homme on n'a trouvé qu'une partie de la chaîne qui les relie dans les crânes des hommes les plus anciens et que ces deux êtres présentent les différences énormes qui séparent l'instinct de l'intelligence De plus, les savants qui croient s'opposer au système de la transformation, montrent qu'au lieu de tendre à se rapprocher, ces êtres tendent à se *différencier encore davantage*. En mettant en regard les caractères les plus généraux, les plus saillants chez l'homme et chez les anthropomorphes, MM. Gratiolet, Pruner-Bey et autres, sont arrivés à constater ce fait général, qu'il existe « *un ordre inverse* du terme final du développement dans les appareils sensitifs et végétatifs, dans les systèmes de locomotion et de reproduction : les pieds, les doigts, la main, le cerveau du singe se dégradent au lieu de se rapprocher des mêmes parties chez l'homme. » Il y a plus, cet *ordre inverse* se montre également dans la série des phénomènes du développement individuel. M. Welker, dans ses curieuses études sur l'angle sphénoïdal de Verchow, est arrivé à un résultat semblable. Il a montré que « les modifications de la base du crâne, c'est-à-dire l'une des parties du squelette dont les rapports avec le cerveau sont le plus intime, avaient lieu en sens inverse chez l'homme et chez le singe. » Cet angle diminue chez l'homme à partir de sa naissance et s'agrandit au contraire chez le singe, parfois au point de s'effacer.

Certes, voilà qui est fort curieux ; ces résultats que l'on donne comme contraires à la transformation sont précisément ceux qui la confirment le mieux. Nous venons de voir que les êtres d'une même espèce qui se répandent sur les formations géologiques anciennes dégénèrent, que celles qui se répandent sur les formations récentes progressent. Nous savons que les peuples d'Asie qui se sont répandus sur les bons terrains d'Europe ont progressé, que ceux qui se sont répandus au Soudan passent au nègre. Or, l'espèce anthropomorphe la plus parfaite a dû aussi s'améliorer en continuant à progresser dans les bons pays, tandis qu'elle a dégénéré en se répandant dans les régions anciennes de la Nigritie!... Telle est, en effet, le résultat de cette démonstration. Vous le voyez, Messieurs, la vérité ne sera jamais pour vos fausses théories !

Ainsi, M. Gratiolet a raison dans son plus important argument; ni le nègre le plus arriéré, ni le chimpanzé pas plus que le gorille ne sont les êtres de transition qui ont produit l'homme. Ces êtres appartiennent tous aux régions anciennes qui les font dégénérer. Et, de même que les invasions asiatiques en Égypte, qui ont ensuite été chassées successivement vers ces régions défavorables où les hommes sont devenus nègres, de même les chimpanzés, les gorilles sont des représentants dégénérés d'une espèce qui avait pris naissance dans de meilleures conditions, sur un sol plus favorable aux êtres. Il est donc plus que probable qu'un groupes d'êtres déjà perfectionnés aura donné les anthopomorphes par dégénérescence dans de mauvaises conditions et les ancêtres de l'homme primitif en s'améliorant encore dans les meilleures conditions. En effet, la tradition mosaïque dit qu'Adam ou le peuple adamite, sortait du paradis terrestre; c'est-à-dire du meilleur pays que l'on puisse trouver sur terre. La tradition dit encore que l'homme fut formé du limon de la terre; c'est encore dire, comme notre loi, qu'il fut formé sur le sol le plus élaboré.

Voilà donc les ressemblances et les divergences des types complétement justifiés au point de vue matériel; il reste à expliquer l'énorme différence des facultés instinctives et intellectuelles. Si chaque homme doit individuellement recevoir une âme, ne vous semble-t-il pas qu'il soit aussi facile d'en donner à un premier couple déjà façonné par la transformation de cette argile et par l'usage de l'instinct le plus développé que d'en donner une à un morceau de limon? S'il y a difficulté elle ne peut être que pour le limon encore brut.

Notre loi va faire plus, elle va vous montrer maintenant que l'homme seul ne changera plus d'espèce, tout en continuant à se perfectionner, c'est-à-dire qu'il est le but suprême de cette œuvre merveilleuse de la nature, de Dieu ! Mais ne croyez pas que ce soit en tourmentant la raison que nous arrivons à ce résultat. La science pure est notre seul guide ; car nous n'avons jamais compris qu'on ne s'adresse qu'aux pauvres d'esprit, divisant ainsi la société en deux camps qui détruisent leur action réciproque, une classe de croyants et une classe de rusés, de dirigeants qui les exploitent, ou plutôt qui s'épuisent en lutte. Il faut à l'homme le bien-être et l'espérance; et, la religion, comme la science, doit être grande, sérieuse, et faite pour le bien-être de l'humanité tout entière.

En considérant l'espèce humaine, nous remarquons que, grâce à sa supériorité sur les autres êtres, elle a envahi toutes les parties du globe. L'une quelconque de ses races ne peut donc plus s'isoler suffisamment des autres pour se transformer et devenir espèce, en perdant la fécondité commune avec les autres races. Nous voyons bien quelques races les plus dégradées en Afrique, en Australie, qui, en se croisant avec les races les plus avancées d'Europe, donnent des effets d'hybridation ; en d'autres termes, dont les enfants sont impropres à la reproduction ; mais ces races se croisent parfaitement avec d'autres races moins différentes, qui, de proche en proche, maintiennent la fécondité commune avec l'espèce humaine. D'ailleurs les races inférieures, comme les peaux rouges et les nègres arriérés, n'ont jamais pu que dégénérer encore et s'éteindre devant la supériorité des races favorisées. Ce ne sont que les races qui ont acquis des qualités supérieures qui peuvent supplanter les autres et se substituer à elles. Alors, regardons ce qui a lieu dans les régions civilisées qui jouissent des meilleures contrées; ces populations ne laissent pas la moindre possibilité d'isolement pour une race supérieure. Les qualités acquises par les races les plus avancées se fondront constamment avec les autres races par le croisement. A notre époque, mille voies favorisent les croisements, les mélanges, et les mers, au lieu d'être des barrières pour l'homme, sont devenues de grandes routes faciles à parcourir. Il y a donc impossibilité absolue à ce qu'une race mieux douée s'isole pendant de nombreux siècles pour devenir espèce distincte. Les améliorations qui se produiront, continueront simplement à se fondre, à se répartir sur l'espèce. Et si une autre espèce inférieure menaçait de faire concurrence à l'homme, elle serait anéantie par lui, comme il le fait peu à peu de ses propres races inférieures.

§ 8. **Éclaircissements scientifiques, historiques et politiques.** — Nous ne pouvons ici que donner une idée des innombrables résultats qui doivent découler de nos lois.

Entre races, la fusion se fait par la fécondité ; entre espèces, elle n'est plus possible. Et, comme les transformations ne peuvent se produire que sur des points isolés d'où la nouvelle espèce ne peut se répandre avec son nouveau caractère que si la fécondité commune avec l'espèce mère n'est plus possible, il est évident qu'il est extrêmement difficile de rencontrer ces êtres de transition.

M. de Barrande a signalé ce fait paléontologique : « Des colonies d'espèces font tout à coup invasion au milieu d'une formation plus ancienne, puis cèdent de nouveau la place aux anciennes formes, » ou plutôt elles paraissent la céder ; car arrivant dans un milieu qui n'est pas le leur elles doivent se transformer.

Les trois grands faits suivants ont été signalés par la science. Les êtres qui habitent la terre sont plus variables que ceux de la mer ; et, ceux des lacs d'eau douce, quoique offrant les types les plus anormaux, le sont encore moins que ces derniers. La cause en est simple : les êtres de la terre sont soumis à des natures de sol très-différentes ; ceux de la mer ne sont soumis qu'en partie à ces diverses natures de sol, l'eau étant plus particulièrement leur élément, et il est plus difficile à une race de s'isoler pour devenir espèce. Les êtres que nourrissent les lacs changent encore moins, parce qu'ils sont dans des conditions d'isolement encore plus difficiles, et de plus, assez généralement confinés sur un sol moins varié.

Dans les îles éloignées des continents, telles que dans l'Océan austral, l'Atlantique américain, la faune est monotone, peu variée en espèces et rappelle souvent celle d'époques géologiques antérieures des continents. Deux causes produisent ce résultat. Le sol des îles étant formé par des sommets qui appartiennent le plus souvent aux terrains anciens, il produit une faune plus arriérée. En outre, du peu d'étendue des îles résulte la difficulté d'isolement prolongé d'un groupe d'êtres qui seul peut donner une espèce nouvelle. Certains archipels font exception, parce qu'une espèce peut se former sur l'une des îles et se répandre ensuite accidentellement sur d'autres.

Un des résultats importants de nos découvertes, c'est de dégager l'histoire d'une foule de prétendues parentés de peuples par filiations et par croisements que l'on établit sans autres données qu'une certaine ressemblance de types. D'autre part, elles expliquent un grand nombre de faits historiques et linguistiques que des changements dus au sol dans les types des peuples émigrants rendaient incompréhensibles.

En effet, un des problèmes les plus fréquents et que l'on considérait en même temps comme étant des plus difficiles que présente l'ethnologie, consiste dans une grande similitude de langue, jointe à une grande différence de caractère physique. A la Société d'anthropologie se sont engagés de vifs débats qu'un mot pouvait éclaircir. Les cas les plus curieux sont ceux pour lesquels une donnée historique ou linguistique vient contredire les rapports de types. Il est curieux, dis-je, de voir comment les savants, les ethnologues cherchent alors à amoindrir l'importance des émigrants ou des conquérants qui se seraient fondus dans le type local ou qui auraient été absorbés par lui en vertu d'une certaine « puissance d'absorption que posséderaient les peuples établis. » Tandis qu'il suffit de l'action du sol.

Pour nous éclairer, il suffit d'examiner la plupart des publications relatives à ce sujet ou les comptes rendus des cours professés de nos jours. On y verra comment on identifie les Bretons aux Araméens-Basques, bien que leur langue les rattache aux Gallo-Kyrmis, comment on veut que les populations du Languedoc et de la Provence aient reçu le type des Romains parce qu'ils occupent un même mélange de sol, crétacé, tertiaire et granitique, tandis que dans l'Autunois (Bibracte romaine) dont le sol est ancien, ces Romains n'auraient laissé que des Morvandeaux, comment les habitants des diverses provinces qui occupent un même mélange de terrains sont réunis à cause de leur similitude de types. Ainsi se trouvent groupées les différentes régions primitives de la France qui produisent nécessairement un même type.

Certes voilà un curieux hasard des conquêtes, qui sait reconnaître et circonscrire exactement les formations géologiques anciennes, qui aurait *épargné certains pays, plateaux et autres régions primitives parfaitement accessibles, qui pourtant atteint fort bien les montagnes moins anciennes d'un accès plus difficile.* Mais, d'abord, dites-nous donc où ces Aryas auraient pris des yeux bleus et des cheveux blonds, pour les apporter en Europe, en France, puisqu'ils ne sont pas ainsi dans leur patrie asiatique originelle?

Les auteurs anciens ont fait de même. Tacite nous apprend que les Tongriens (Tongres et Brabant) étaient les premiers Germains qui eussent franchi le Rhin. Quant aux Trévires (Trèves) et aux Nerviens (Hainaut) qui se vantent d'une origine germanique, leur prétention, dit l'historien, était d'autant moins fondée que *par leurs traits* physiques comme *par leur caractère moral*, ces peuples étaient semblables aux autres Gaulois. Ainsi, parce que les habitants du Brabant jusqu'à Tongres ont conservé leur type en retrouvant un même sol récent, ils sont reconnus comme Germains. Mais les habitants de Trèves et du Hainaut, ayant été transformés par une notable partie de terrains paléozoïques et houillers que contiennent ces régions, l'historien refuse de les croire!....

Les populations étant groupées par affinité de races dépendant de la nature du sol, on peut en général prévoir leurs aptitudes. Les peuples des terrains anciens, religieux, superstitieux, attachés à leur pays, à leurs habitudes, ont une tendance à confier le gouvernement aux soins exclusifs d'un souverain; ceux des terrains récents, industrieux, intelligents, indépendants, préfèrent participer eux-mêmes aux affaires publiques par leurs votes et leurs représentants. Si l'on veut des exemples, on peut citer la Bretagne, qui est le pays le plus ancien de la France et dont on connaît les efforts tentés pour conserver l'ancien régime du gouvernement absolu. Dans les grandes villes, qui présentent assez généralement des aptitudes opposées, il ne faut pas seulement considérer comme cause la concentration d'hommes ayant des aptitudes plus spéciales et les influences mutuelles; les grandes cités sont généralement situées sur les terrains les plus favorables de chaque contrée, et lorsque rarement il n'en est pas ainsi, c'est que des rivières ou d'autres moyens de communications facilitent l'arrivée des produits de contrées qui remplissent ces conditions. Dans le département de Saône-et-Loire, chacun a pu remarquer combien les votes et les actions de l'arrondissement de Chalon, situé sur des terrains récents, diffèrent de ceux de l'arrondissement d'Autun, où dominent les terrains anciens. Les grandes surfaces, où dominent les mêmes terrains, peuvent seules aspirer à se constituer un gouvernement particulier. Si même les démarcations géologiques sont grandement dessinées, elles deviennent imperieuses, et sont les seules véritables limites des législations ou des gouvernements qui doivent les régir.

A mesure que la science grandit, l'homme brave plus facilement le climat rigoureux; son intelligence, ses facultés sont plus vivement excitées : la terre ne produit que pendant une saison, il faut se pourvoir pour l'autre. L'époque des frimas arrive, il lui faut un vêtement, un abri, un foyer. Dès lors, activité, industrie, progrès.

Si nous jetons un coup d'œil sur les différents pays qui ont tour à tour tenu la tête de la civilisation, nous voyons que tous ont rempli les conditions que nous venons d'indiquer. En premier lieu, les conditions de sol, puis les influences secondaires. En considérant les premiers berceaux de la civilisation, nous voyons l'Égypte, qui joint à une fertilité merveilleuse une frontière des plus parfaites : elle est enveloppée de mers et de déserts; deux mortes saisons, la sécheresse et l'inondation, obligent l'homme à une certaine prévoyance. Aussi est-ce là que naissent les beaux-arts, l'industrie, l'astronomie. Ensuite nous voyons la civilisation en Chine, en Assyrie, riches régions où elle ne se maintient qu'à la condition d'absorber toutes les contrées qui l'entourent, jusqu'aux peuples incapables de lui nuire. Mais, dans ce dernier pays, les limites sont incertaines. Aussi, n'a-t-il que sa langue, son écriture cunéiforme, ses dogmes, son agriculture, mais il emprunte ses arts, sculpture et architecture, son industrie et sa science la plus avancée, aux Egyptiens, qui seuls ont pu les porter à un si haut degré, à la faveur de leurs frontières naturelles.

Ensuite vient la Grèce, favorisée par un bon sol, et fortement défendue par un entourage de mers, d'isthmes et de montagnes. L'homme y trouve donc fertilité, sécurité avec les matériaux et les aptitudes propres à l'art, qui prospère au plus haut degré. En Italie, dans cette péninsule favorisée d'un heureux mélange de sol, défendue par la mer, les Alpes et le Tyrol. Enfin, de nos jours, malgré la puissance qu'a acquise la civilisation dans l'esprit des peuples, nous voyons encore dominer la France, qu'un avantageux mélange de terrains favorise et que protège un bon ensemble de frontières. Un seul point, sa frontière du Rhin, laisse à désirer; c'est aussi de là que lui viennent ses difficultés les plus sérieuses. L'Angleterre, étroit continent, protégé par une frontière sans pareille, avant l'invention de la vapeur et de la marine cuirassée, a profité de cette position pour porter sa puissance au plus haut degré.

Nous voyons par cette marche, que la civilisation a toujours prospéré dans les Etats remplissant les meilleures conditions de sol et de frontières; en second lieu, elle paraît s'être répartie entre ceux-ci, plus au sud, lorsque les moyens industriels faisaient défaut à l'homme pour parer aux intempéries; plus au nord, lorsque ces moyens se sont accrus. Il est encore un autre résultat des terrains récents, qu'il importe de signaler. Ces terrains, que l'on rencontre dans plusieurs localités de la France, dans le sud-est de l'Angleterre, dans le nord de la Belgique et de l'Allemagne, en Pologne, en Hongrie, etc., ont une tendance à produire des surcroîts de population qui sont déversés dans des régions moins favorisées. Si nous consultons les documents géologiques, nous voyons que partout, sauf de rares exceptions, ces peuples émigrants sont sortis des régions formées presque exclusivement de terrains récents pour se répandre assez généralement sur des terrains plus anciens.

Après cet examen des principes généraux, il nous reste à jeter un coup d'œil sur les influences auxquelles sont soumis aujourd'hui les principaux Etats. Ici, le sujet devient délicat, il est à craindre que chacun ne voie que le petit côté de la question, qui peut se trouver en désaccord avec ses vues ou ses projets, sans songer à l'immense bienfait qui doit résulter de l'application générale d'un principe sûr pour guide, principe qui constitue la véritable base de paix entre les gouvernants et les gouvernés comme entre les Etats eux-mêmes.

Nous venons déjà de parler de l'Irlande; mais que dire de la pauvre Pologne qui souffre d'autant plus amèrement, que ses limites géologiques avec la Moscovie sont plus vigoureusement tranchées. Les races slaves et lithuaniennes ont, avec les Moscovites, leur véritable limite dans la grande ligne géologique qui existe au nord des bassins du Niémen et du Dniéper. En effet, les Slaves qui ont dépassé cette ligne sont en grande partie transformés, abrutis, disent les autres Slaves qui attribuent bénévolement cet effet à la puissance de tels ou tels princes. Heureux princes qui, s'ils ne s'abusent, doivent rire dans leur barbe. Comprendre ces Slaves avec ceux du sud serait une faute qui s'aggraverait progressivement. S'il y a quelque inconvénient à les laisser sous les mêmes lois que les peuples moscovites propres au même sol, il diminuera de plus en plus. Mais il n'en est pas de même au sud de cette grande ligne géologique : les aptitudes et les types propres à cette région sont et demeureront toujours différents de ceux de la Russie ; et, hors des grandes lois de la nature, les projets des hommes ne sont que calamités, témoins les efforts des czars pour faire du peuple polonais des Moscovites. Même nature, mêmes facultés, renaîtront sur un même sol. L'œuvre de destruction ne saurait toujour durer, l'œuvre de reconstitution est éternelle !

Si, en Russie même, l'on considère, d'un côté, la grande facilité que ce pays trouve à s'agrandir sur les terrains analogues aux siens, de l'autre, les difficultés parfois prodigieuses qu'il trouve à le faire sur les terrains qui en diffèrent le plus, on aurait déjà une idée de ce résultat ; et cette remarque n'est pas particulière à ce pays. La science est impartiale, elle constate que dans la Prusse, le Danemarck et les Duchés, le sol. et par suite les aptitudes si ce n'est la langue, sont à peu près les mêmes. Dès lors il ne s'agit pas là d'anomalie ; mais seulement de savoir si les Duchés désirent être gouvernés séparément ou par tel ou tel autre Etat ayant les mêmes aptitudes.

La Hongrie, dont le sol est récent, joue, par rapport à l'Autriche aux terrains généralement anciens un rôle d'opposition que chacun connaît. L'Amérique du Sud, relativement à l'Amérique du Nord, agit de même et dans les mêmes conditions.

Nous avons vu la civilisation implanter son drapeau tour à tour dans divers pays de l'est à l'ouest, du sud au nord ; mais, ce qu'il y a de très-remarquable, c'est que jamais la tête de la civilisation ne s'est fixée dans d'autres pays que ceux qui présentent les meilleures conditions géologiques. Constantinople est certainement une des cités du globe les mieux placées, sous le double rapport géographique et climatérique. Elle relie les continents, ses flottes peuvent venir s'abriter sous ses murs, circuler ou se retrancher dans plusieurs mers dont elle tient les clefs, manœuvrer avec privilége selon le besoin. Sa défense par terre n'est pas moins facile, son climat est merveilleux, les productions de son territoire souvent abondantes. Que lui manque-t-il donc? Il manque à cette brillante capitale un sol récent au lieu de reposer sur des terrains siluriens et dévoniens. Il manque aussi à l'État un sol plus varié, ou plutôt moins parsemé de montagnes primitives, élevées, qui entrecoupent ses zones tertiaires en sillons profonds. Dès lors, des États peuvent y être fondés par de nombreux conquérants. Un empire puissant peut lui être donné par les Romains, un peuple des mieux doués naturellement peut lui être envoyé par la vallée de l'Oxus (les Osmanlis) tous ces avantages ne pourront aboutir à lui donner un premier rang: cette région dégénérera, tombera comme Troie devant Agamemnon, comme elle est tombée devant nombre de conquérants.

Veut-on des preuves de plus de cette influence du sol? Regardons ce qui se passe aujourd'hui : Les Turcs, après avoir perdu peu à peu les qualités naturelles qu'ils tenaient de la vallee de l'Oxus, de l'heureuse Bactriane, et n'avoir pas su se mettre au niveau intellectuel de l'Europe, surtout à cause du péché originel de leur capitale, voient leur influence s'éteindre. Non-seulement ce peuple ne fait plus trembler l'occident, mais ses propres provinces se détachent, et, chose des plus remarquables, les régions qui acquièrent leur indépendance sont précisément celles-là, mais celles-là seulement, qui ont de meilleures conditions géologiques que le cœur de la Turquie. Ce sont l'Égypte, la régence de Tunis, la Grèce, les îles Ioniennes, la Moldavie, la Valachie, la Servie!

Ouvrons maintenant une carte géologique, et nous serons frappés d'une chose. Ne dirait-on pas que le cerveau de chaque État ne peut être placé que dans les meilleures conditions géologiques, et que les territoires privilégiés sous ce rapport sont seuls aptes à se suffire?

Encore un exemple : jetons les yeux sur ce vaste État du nord, qui couvre une grande portion du globe dans deux parties du monde; ce vaste empire ne semble-t-il pas vouloir absorber l'Europe? Erreur! il n'absorbera rien de semblable. Ce qui lui manque, à ce colosse dit aux pieds d'argile, c'est précisément de l'argile aux pieds, son sol est trop maigre. Les hommes capables qu'elle attire ou qu'elle possède, ne sont que des points perdus dans l'espace et que paralyse son aristocratie, qui mesure l'homme à ses acres de steppes et à l'héritage de quelques grimoires sur un écusson. Ce brevet dispensateur de capacité substitue la médiocrité à l'homme capable et utile. La descendance d'un homme ne participe de lui à chaque génération successive que pour 1/2, 1/4, 1/8, 1/16, etc., ce qui touche à rien au bout de quelques générations. La distinction ou le privilège héréditaire ne peut donc donner que le hasard ou la médiocrité.

Regardons maintenant ces apparentes anomalies de grands

États peu puissants, de moyens et mêmes de petits États très-considérés, très-forts, très-avancés; nous en trouverons la raison, non dans le hasard des destinées, mais dans la force des choses qui régissent l'humanité. Que de guerres, que de troubles, que de malheurs publics, eussent pu être évités, conjurés, avec la connaissance des grandes lois naturelles auxquelles sont soumis les peuples, et par l'application des véritables principes qui doivent les régir! Oui, l'on ne saurait trop se pénétrer de cette grande, de cette suprême règle politique: Hors des grandes lois de la nature, les projets des hommes ne sont que calamités!

§ 9. **Amélioration de l'homme.** — L'homme peut être amélioré sous deux points de vues; d'une part, par les qualités des organes matériels; d'autre part, par les qualités de l'âme qui s'améliore par l'instruction, les bons exemples et les efforts que nous faisons sur nous-mêmes pour bien agir. Mais ce ne sont pas ces dernières qualités que nous devons examiner ici, ce sont celles qui résultent des conditions matérielles de la vie, de la constitution de nos organes.

Choisir son sol et son milieu serait la première condition si l'homme était libre; mais, ne l'oublions pas, la répartition des êtres sur les diverses natures de terre, est déjà faite de telle sorte que les avantages et les inconvénients se compensent à peu près. Les hommes se pressent, s'entassent sur les terrains récents où chacun ne peut posséder que d'étroites parcelles, dont le limon détrempé s'attache aux pieds. Au contraire, ils ont plus d'espace sur les terrains anciens, en général montagneux. L'air y est plus sain, le pied plus ferme, l'aspect plus varié. Si les produits y sont moins parfaits, n'est-ce donc pas une compensation ?

D'ailleurs les types et les aptitudes ne pouvant se modifier que par une longue suite de générations, le changement sur une seule est insensible. Qui donc, pour si peu de chose, surtout lorsqu'il peut atténuer ce résultat par son travail et ses soins, sera tenté d'abandonner le coteau qui l'a vu naître, le vallon qui a reçu les confidences de ses pensées intimes, la montagne élevée qui lui dit de loin : « Je suis ta compagne, ton amie d'enfance, ma cime est le belvédère qui te fait contempler l'œuvre du Créateur. Si du t'éloignes, je suis le jalon, le signal qui te rappellera de loin ; c'est à ma base que tu trouveras la source limpide, l'ombrage en été, l'abri en hiver? » Si chacun de nous entend une voix qui lui crie : « Mon pays est le plus beau de la terre, » il est incontestable qu'elle est beaucoup plus forte chez les montagnards que chez les habitants de la plaine. On ne peut donc que répéter : écoutez, suivez la voix intime qui vous rappelle sur la terre natale. Tout, sur cette terre, est fait pour vous, vous êtes né pour elle.

Quant à moi, j'ai une prédilection pour les montagnes et pour les montagnards. J'aime la variété des unes, j'aime la rude franchise des autres. Et si les compensations sont déjà faites, bornons-nous à signaler les écueils qu'il faut éviter; car les terrains pèchent précisément par les deux extrêmes.

Les alluvions trop récemment arrachées aux montagnes primitives par les glaciers et par d'abondantes désagrégations, sont les terrains les plus défavorables à l'homme. Ainsi le crétinisme se produit dans les vallées les plus fortement encaissées des Alpes. des Pyrénées et d'autres régions montagneuses fortement accidentées. Ces désagrégations ne sont propres qu'à donner des êtres arriérés; elles sont donc surtout impropres à l'homme, ce qui confirme d'une manière saisissante la grande loi que nous développons. Les deltas, quoique formés de dépôts récents, sont loin d'offrir les terrains les plus favorables, surtout lorsqu'ils reçoivent les débris des pays alpestres. Dans les régions anciennes, les meilleures conditions sont les vallées peu encaissées où les dépôts ne sont pas trop nouvellement désagrégés, les plateaux peu accidentés et les versants les moins ravinés, parce qu'alors les détritus ont pu améliorer le sol par une longue suite de productions et de décompositions.

Les établissements, les hôpitaux que l'on a construits pour le traitement des crétins n'ont eu et ne pouvaient avoir aucun résultat; car le crétinisme est plutôt une constitution acquise qu'une maladie. Le croisement avec des individus bien constitués peut accélérer considérablement le retour d'une population qui a des tendances au crétinisme. Quant aux individus qui en sont complétement atteints, du moment où ils sont impuissants à se reproduire, il n'y a, hélas! rien à faire qu'à les laisser s'éteindre dans leur déplorable stupidité.

Ce fait, que les crétins sont impuissants à se reproduire, montre d'une manière palpable que la transformation des types se produit par une autre influence que celle de l'hérédité. En effet, les crétins s'éteignent sans postérité : malgré cela, il s'en produit sans cesse de nouveaux.

Éviter de vivre d'une manière permanente sur le sol qui produit le crétinisme, voilà le seul remède. Le mieux est d'en tirer des produits autres que ceux qui sont destinés à la nourriture des populations. On peut employer ces propriétés en forêts, mais non en pâturages dont les produits reviennent presque directement à l'homme par l'intermédiaire de nos bons ruminants.

Je pourrais citer de simples versants granitiques, très-bien exposés au midi, mais abruptes, au pied desquels demeurent des habitants qui, d'autre part, confinent à de meilleurs terrains, et qui pourtant se ressentent de cette position. Son influence s'étend aussi aux propriétaires qui jouissent d'une grande aisance ; mais qui vivent presque exclusivement des produits de leurs propriétés. Dans ce cas vendez vos produits, car, en petite quantité, ils ne sont pas nuisibles. D'un autre côté, on me cita un hameau construit sur les ruines d'un vieux château, que je demande la permission de ne pas nommer, dont les habitants avaient eu de nombreux cas d'infirmités venant de naissance.

Les ruines de ce château, au milieu desquelles sont dispersées quelques habitations, sont situées sur une petite éminence de sol arrondi, qui est en relief dans une gorge, entre des ravins étroits. Le sol de l'éminence, ainsi que celui de la plus grande partie des versants qui lui font face, est composé d'une roche primitive en décomposition. De plus, des travaux de terrassements ont mêlé au sol des produits tellement défavorables que les habitants en ont été affectés, bien que les produits de cette étroite localité n'entrent que pour une part trop forte encore dans leur alimentation.

Nous voyons ainsi que les localités vraiment défavorables à l'homme, n'embrassent pas tous les pays de formation ancienne, mais principalement les points sur lesquels se trouvent les plus fortes désagrégations récentes de roches anciennes. C'est donc là un écueil que l'on peut éviter.

§ 10. **Confirmations officielles.** — A la suite de mes lectures à l'Académie des Sciences, révélant l'influence prédominante du sol sur les êtres animés, le Ministre de l'Agriculture chargea M. Tisserand d'une mission pour en constater les résultats sur les races domestiques. L'ouvrage fut publié avec luxe et de belles planches, en voici un extrait.

« Quand on a parcouru et examiné avec soin les pays qui s'étendent le long de l'Océan, de la Manche et de la mer du Nord, depuis la Coruna, extrémité occidentale de l'Espagne, jusqu'à la pointe de Skagen, qui termine la presqu'île jutlandaise dans le Cattégat ; quand on a observé la constitution géologique et le climat, le relief et la nature du sol, *il est facile de comprendre comment les mêmes animaux sont parvenus à faire des races distinctes.*

« Sur les collines granitiques de la Bretagne, les animaux ont pris des formes très-fines, une taille très-petite et d'autant plus petite que les conditions de vie étaient plus misérables. Trouvant sur les coteaux schisteux et marneux de la Biscaye de meilleures conditions, un peu plus d'abondance, mais avec des alternatives de privation, de misère, la race a acquis un peu plus de taille; mais ses formes sont restées osseuses; tel est encore le cas de la race Gouine, qu'on trouve sur les terres légères et siliceuses des environs de Bayonne, de Bordeaux et de la Rochelle.... Au delà de la Bretagne, les conditions ne sont plus les mêmes, on arrive au pays des terres fortes, des herbages gras; c'est la Normandie, c'est le Pas-de-Calais, c'est la Flandre; ce sont les polders de la Hollande ; aussi les animaux y ont-ils *pris et conservé des caractères tout différents*, entre autres une aptitude très-grande pour la production du lait : ils ont acquis un volume et une taille considérables, *une ampleur toujours en rapport avec la fertilité du terrain.* Dans le Holstein, le Sleswig et le Danemark, *ce sont à peu près les mêmes différences de sol, d'herbages, ce sont aussi les mêmes variétés dans les animaux de l'espèce bovine et ovine.*

« Si nous poussons nos investigations plus loin en Norvége, dans les régions granitiques, ce sont toujours les mêmes faits qui se manifestent, les mêmes causes qui produisent les mêmes résultats : *partout l'animal se calque sur le sol qui le nourrit* et semble être comme un reflet de sa configuration et de sa richesse. » Et, dit M. Tisserand : « *Il est facile* de comprendre comment *les mêmes animaux sont parvenus à former des races distinctes.... leur ampleur est toujours en rapport avec la fertilité du terrain.... les mêmes différences du sol et d'herbages ont aussi les mêmes variétés d'animaux....* »

Cette confirmation est d'autant plus sérieuse que, dans sa mission, M. Tisserand, homme très-compétent, jouissait des avantages et ressources de l'État. Citons encore cet exposé clair de M. de Parville (*Constitutionnel* du 20 juillet 1864) :

« Le voile s'est déchiré. Il ne faut plus seulement, d'après M. Trémaux, considérer l'action physique du milieu ; on négligeait la cause prépondérante, l'action géologique. C'est, en définitif, le milieu géologique et physique qui fait l'espèce; telle est la loi posée et découverte par le savant voyageur. Elle va accorder tout le monde. L'homme le moins parfait appartient aux terrains les plus anciens et subsidiairement aux climats les moins favorisés. Inversement, l'homme le plus parfait appartient au pays qui, sur le moindre espace, offre la plus grande variété de terrains, en laissant prédominer les plus récents.

« Est-ce simple ? N'est-ce pas la clef des divergences qui séparent les écoles. Fixité, progrès, dégénérescence ; la formule renferme tous les cas. Allez habiter les terrains modernes.... perfectionnement. Restez en place, fixité; gagnez les régions primitives, dégénérescence. N'est-ce pas l'échelle des naturalistes avec ses échelons franchis par en haut et par en bas ?

« Il ne suffit pas d'avancer, il faut prouver ; or, sur ce point les arguments de M. Trémaux abondent, nous n'avons que l'embarras du choix.... »

Beaucoup d'autres confirmations se succédèrent ; 70 ou 80 journaux et revues rendirent compte de mes communications à l'Académie. L'accueil académique, une double décoration, etc., rien n'y manquait ; j'avais démontré que la descendance de notre premier père avait donné des blancs et des noirs. Ma première édition in-12 de 490 pages fut épuisée en deux mois par la librairie Hachette. Mais ce n'était encore là qu'une des faces de la question.

§ 11. **Autres réflexions.** — Ensuite l'Académie, la philosophie s'était aperçue que si les êtres s'approprient au sol sur lequel ils vivent, que si, depuis les premiers âges du globe, ils se sont modifiés, perfectionnés en conséquence de l'amélioration du sol, c'est qu'ILS SE TRANSFORMENT !.... Alors l'inconséquence de la tradition me retomba sur le dos, tout changea, je devins coupable malgré moi, il ne me fut pas possible d'obtenir une seconde édition que je désirais modifier. Je n'insistais plus. C'est alors que je voulus savoir où conduisait cette science si terrible.

Mes recherches furent des plus heureuses et me conduisirent à la plus grande loi dont l'humanité puisse jouir, c'est-à-dire au *Principe universel du mouvement et de la vie* qui résulte simplement des transmissions de force. Et, je pus constater que les phénomènes de la volonté et de l'intelligence répondaient à un autre principe !... *C'était le double but désiré :* Je développai dès lors ce principe si important ; mais l'Académie n'y répondit qu'en s'efforçant d'étouffer mes travaux. Enfin, pour justifier cette résistance incompréhensible, elle s'avisa de donner sa théorie des équations singulières qui lui faisait croire que la volonté n'existait pas et n'était qu' « UNE APPARENCE ! » Or, rien ne me fut plus facile que de lui montrer *par expérience* que la volonté est bien réelle, et, pour mieux la convaincre de son existence, je fis plus, je lui montrai encore dans quelle condition elle se produit et comment elle ne répond pas au même principe. Il n'y avait plus rien à ajouter, repousser sans nécessité dogmatique, les plus grands bienfaits de la science était dès lors la plus coupable des combinaisons, c'était s'attaquer au bien. Malheureux, portez vos ruses ailleurs que contre la science productive. Il n'y avait donc plus à hésiter, il fallait lutter contre ces misérables vues, contre ces aveugles tendances de l'antique ignorance que leurs défenseurs n'osent pas avouer. La transformation des êtres elle-même présente des avantages notables depuis que les sciences géologiques et paléontologiques sont venues mettre en évidence des faits qui n'étaient pas connus anciennement.

§ 12. Avantages philosophiques de la transformation sur la fixité des espèces. — On ne semble pas s'apercevoir que les temps ont changé, que la géologie, la paléontologie, l'histoire et la science sont venues donner le plus inéluctable démenti aux hypothèses anciennes qu'il faut se hâter de rectifier. Les inconvénients s'accentuent de plus en plus et nos philosophes, nés dans les idées fausses et qui s'en nourrissent, ne s'aperçoivent plus de l'isolement scientifique où ils se noient. Avec la fixité des espèces, vous vous trouvez en présence de vingt mille espèces et plus réparties dans les différentes couches géologiques de tous les âges du globe terrestre. Il faut donc admettre que vingt mille fois, une souris, un éléphant, un pinson, une baleine ont subitement apparu tout formés de pied en cap?... C'est merveilleux, j'en conviens ; mais lorsque Dieu a établi ses lois inviolables, aussi simples qu'admirables, pourquoi voudriez-vous qu'il se démentît lui-même et qu'il démentît vingt mille fois vos traditions qui n'admettent qu'une intervention divine pour toutes les espèces. Agir ainsi, c'est évidemment contredire les lois de la nature de Dieu qui procèdent progressivement dans toute action organique ; c'est contredire la science, le bon sens qui se demandera toujours si c'est la poule qui a fait le premier œuf, ou l'œuf qui a fait la poule ; c'est contredire toutes les lois de l'expérience et de la raison ! C'est mettre la science en contradiction avec vos affirmations; ce qui est la pire de toutes les situations.

Avec la transformation, rien de plus naturel. Toutes les espèces découlent d'une seule intervention, d'une seule loi divine pour tous les phénomènes matériels ; ce qui motive un certain degré de fatalité réelle inexplicable autrement. Dieu n'accorde aux animaux qu'un instinct nécessaire à leur conservation. Puis, lorsque l'espèce matérielle est suffisamment développée, on conçoit qu'il réserve ses soins pour les âmes qui, étant individuelles, ont pu être données aussi bien à un couple adamite suffisamment développé et fort ancien, qu'ensuite à ses descendants en particulier. En effet, pourquoi l'être le plus avancé, ayant déjà été préparé par des êtres doués d'instinct, serait-il moins digne de recevoir une âme qu'un morceau d'argile brute? Bien plus, nous voyons la preuve de la transformation, par ce fait capital que les plus grandes similitudes anatomiques existent entre l'homme et les espèces anthropomorphes, tandis que les plus profondes différences les séparent au point de vue intellectuel ; ce qui démontre l'intervention de l'âme. D'ailleurs quand la tradition a dit, Dieu fit l'homme à son image, elle n'a pu parler que de l'âme, puisqu'elle dit : Dieu n'a ni corps, ni couleur, etc. En outre, les principes de la transformation montrent que l'homme seul ne pourra plus changer d'espèce ; c'est donc la science elle-même qui le distingue encore, sous cette forme, de toutes les autres espèces pour en faire l'œuvre suprême et finale du Créateur!...

Ainsi, avec la fixité, le dogme est empêtré : contredit par les plus grossières impossibilités et les plus patents démentis; avec la transformation, il est protégé par les phénomènes les plus délicats, les plus inaccessibles et par des distinctions uniques à l'espèce humaine.

P. S. Le 12 janvier 1878, je reçois ces quelques mots avec six pages imprimées avec luxe, le tout sans nom et sans indications : « Monsieur, permettez à un inconnu de vous offrir un tout petit opuscule qui ne s'adresse point à vous, mais, qui, *né de votre* DÉCISIF *ouvrage, vous appartient* (C. P.) » En lisant l'opuscule, je reconnais qu'il ne s'agit pas d'un inconnu ; mais d'une déesse bien connue : de Madame la philosophie religieuse, qui possède le don d'ubiquité au point qu'elle me parle d'un chapitre dont je n'ai pas encore moi-même l'épreuve en main. Elle commence par dire que le système de Lamark et de Darwin va bientôt s'appuyer sur une telle abondance de preuves, qu'il ne sera plus possible de lui opposer des objections valables. Mais que les matérialistes se trompent fort s'ils croient que cette théorie écarte l'idée de Dieu... et, dit-elle : « Les *monades* organiques transmettent l'existence, puis périssent avec leur ouvrage : ces transmissions peuvent être continues, sans fin, de génération en génération. Ces *monades* contiennent donc en elles le principe de la *pérennité* qui n'a besoin, *pour rendre immortelle l'âme de l'homme, que de se fixer dans l'individu*, au lieu de se borner à soutenir l'espèce. »

Permettez-moi de vous faire remarquer que c'est par les formes que vous devenez vulnérables, Madame, qu'il n'est pas prudent d'accorder figure et forme à l'âme. Par là elle devient passible de la force MV, et de bien d'autres inconvénients. Votre *monade* serait bientôt le *microzymas* géologique, le ferment figuré, le corpuscule azoté dont nous parlerons plus loin; c'est-à-dire une simple force matérielle. Avec notre principe, il nous suffit de remarquer que l'espèce animale, *comme ses instincts, meurt*, et qu'au contraire l'espèce humaine, *comme ses âmes, ne meurt pas*. Pour votre *monade*, il faut une exception sans cause. Pour l'âme humaine, il suffit de ne pas détruire ce parallélisme des faits motivés par les lois que nous venons d'exposer et qu'accuse en outre les facultés exceptionnelles supérieures de l'âme, ce qui est infiniment plus rationnel et inaccessible.

Ah! si vous vouliez bien, Madame, laisser marcher la science au lieu de spéculer sur des fictions, combien cela irait mieux!

SCIENCE ET PHILOSOPHIE

ERREURS SUR ERREURS

Les philosophes religieux ont dû interpréter la nature sans connaître ses lois, qui seules permettent de le faire avec connaissance de cause. Ce qui est pis, les corps savants, sans connaître le principe de la science, se sont figurés qu'il fallait l'étouffer parce qu'elle devait conduire au matérialisme. Et, comme l'élection d'un corps scientifique par lui-même ne peut qu'accroître l'idée dominante, tous frappant sur le même *dada*, c'était à qui imaginerait le plus d'hypothèses et d'entraves. Aussi jamais on avait embrouillé la science dans des trames plus absurdes et plus fausses que celles du solénoïde d'Ampère, cela parce qu'on n'avait pas reconnu que les courants nerveux électriques ne sont qu'*une force brute mise à la disposition de la volonté.* Puis les calculs moléculaires de M. B. que l'Académie a fait couronner à la Sorbonne par le ministre J. Simon sont tellement faux, qu'ils n'ont jamais pu dépasser le seuil de ce palais, etc., etc. Or, le principe de la science se révèle et montre à nos philosophes que l'œuvre suprême a été supérieure à leurs prévisions naïves, et que leurs erreurs n'ont été et ne sont que le fléau de l'humanité! Ils en sont abasourdis, mais l'organisation est dans leurs mains et ils en profitent pour étouffer leur condamnation.

Pauvre science ; nous allons donner une idée de ses erreurs.

Les forces répulsives avec lesquelles nous avons fait connaître la cause des équilibres et des mouvements des astres viennent d'être confirmées expérimentalement avec la plus complète évidence par le radiomètre. Nature et rapport des forces, des vitesses, des conditions, rien n'y manque. Qu'importe, on ne veut que l'obscurité : ce principe explique, éclaire la condensation des vibrations lumineuses en vibrations caloriques si utiles, des vibrations électriques en vibrations lumineuses, en vibrations sonores (Téléphone) la force vive exacte, la pression des milieux et une foule de découvertes utiles qui surgissent depuis son apparition. Qu'importe, on ne veut que l'obscurité !

Sans nécessité, vous prônez partout l'*attraction universelle* et le fait vous répond partout par *répulsion relative*. Même dans le *nec plus ultra* de cette science, la formule de Newton, vous êtes obligé : d'appeler + ce qui est —, d'appeler 0 la force d'un milieu qui pourtant transmet le mouvement et la vie à la terre, et donne aux planètes des vitesses inverses des racines des distances, etc., etc. Mais, dit cette science, si l'ignorance originelle a fait renverser la raison, j'ai pour y remédier des formules précises qui sont tout ce qu'il faut pour les praticiens.

Ainsi l'égalité d'action solaire $1/2MV^2$=F est *indestructible*, dit-elle (t. 83, p. 1,475). Or, voyez ! Cette même force tombe sur deux facettes égales du radiomètre et fait *reculer l'une et avancer l'autre ! !* Rien ne montre avec plus d'évidence que cette force dépend aussi de son mode de transmission sur chaque face, selon sa nature. Pourtant, reprend-elle, nous savons parfaitement que la face noire absorbante reçoit une répulsion F/V, tandis que la face réfléchissante la reçoit de près de 2F/V. — Non ! répond encore l'expérience ; *c'est juste... le contraire*, la face noire fuit ! Nos savants en restent stupéfaits. Alors on renverse cette malencontreuse absorption (t. 83, p. 120 et 384, etc.), et l'on dérobe encore à mon principe pour masquer cette déroute : « *Les vitesses de propagations sont ralenties par le choc*, » (d'autant plus que la densité augmente) et l'on introduit des V, V *différents*. — Soit, répond M. Hirn (p. 264 à 266). Mais avant, je n'ai fait que *répéter* ce qu'ont *démontré nos analystes éminents*. Et, dit-il, le système des ondulations est encore plus impuissant, puisque l'*oscillation positive est toujours annulée par l'oscillation négative*. La force est donc nulle et incapable de rien mouvoir !... » Telle est cette science *éminente, transcendante* : l'émission donne des résultats contraires à l'expérience et les vibrations classiques ne donnent rien du tout ! ! !... *Puis, voyez, le* PRINCIPE *surtout*, § 17.

Du reste, cette science qui se drape en public, connaît son impuissance ; écoutons l'Académie (t. 81, p. 130) : « La théorie de la chaleur est arrêtée par le principe de Carnot qui n'est pas vérifiable par l'expérience. Ses formules, difficiles à saisir, *n'ont pas de sens pratique ; elles éloignent les constructeurs et les mécaniciens de l'étude de la science, et n'ont contribué en rien au perfectionnement de nos machines*, qui n'est résulté que du *tâtonnement*. » Écoutons encore (p. 1474) : « *Les hypothèses explicatives que l'on pose aujourd'hui si généralement* (dans la science officielle) *quant aux répulsions, aux attractions électriques, magnétiques, calorifiques et quant à la cause de la pesanteur elle-même, ne satisfont l'esprit que sous une face et qu'à la condition qu'on laisse soigneusement dans l'ombre les faits très-nombreux qui les réfutent.* »

Bien plus la science n'a jamais calculé que par les forces MV et MV^2 qui ne sont que les deux extrêmes de l'infinie variété de condition dans lesquelles la force se transmet, ($1/2MV^2$ se rapportant aux corps mous) et de plus sans connaître son mode d'application, ainsi pour deux cas sensiblement justes elle en a des milliers d'inexacts. Ne vous étonnez pas de tant d'aveuglement, il y a là des de S. V. pour enfouir (t. 82, p. 1223) *même la science qu'on ne connaît pas !* (p. 1228, 1229). L'autruche, cachant ses yeux dans le sable pour échapper au danger, n'agit pas autrement. Puis, voilà où conduit la *présomption :*

Avec l'ignorance du *Principe*, les mathématiciens, les phylosophes, etc., croient tellement que tout dépend des forces immédiates ou consécutives, que c'est d'une laitue, d'un légume qu'on tire des lois psychiques et morales!... Ne croyez pas que j'exagère. Voyez les recueils officiels des nations les plus avancées, voyez les *Comptes rendus*, t. 51, p. 520, etc. On y lit : « *Variations désordonnées des plantes hybrides et déduction* « *qu'on peut en tirer*. — D'où vient l'hérédité? Le mouvement « est toujours le passage d'un équilibre à un autre et toujours « il se fait dans le sens de la *moindre résistance;* une fois « qu'il a commencé à suivre une certaine direction, il tend à « y persévérer, parce qu'il aplanit de plus en plus les obstacles. « Dans l'ordre physiologique, dans l'ordre *psychique et moral* « *lui-même*, nous retrouvons cette loi du mouvement à laquelle « l'être ne peut échapper. »

Ces Messieurs bornent l'âme à leurs courtes vues, ils ne voient pas que, d'ailleurs, l'intelligence pourrait aussi s'aider de *choix réels* analogues à ceux dus à la concurrence vitale.

Puis grossière erreur! Le règne végétal ne possède que la force fatale et l'hérédité; la volonté et l'intelligence n'existent que dans une partie du règne animal et c'est avec un passif *légume* qu'on juge *la volonté, l'intelligence!!!* Gribouille en ferait bien autant. *Pour justifier son obscurantisme,* l'Académie des Sciences donna, t. 84, p. 264, un mémoire *sur la conciliation de la liberté morale et du déterminisme scientifique.* Ce mémoire confus, inconciliable, fait de la volonté une *équation mathématique*, une force fatale. La volonté résulterait des équations dites *singulières* pouvant recevoir de nombreuses solutions et ne serait qu'UNE APPARENCE!... « *Elle s'exerce en moyenne aussi souvent dans un sens que dans le sens opposé!...* »

De sorte que quand je crois porter un morceau à ma bouche, je le porte aussi souvent à l'oreille?... Et l'on étouffe la science avec de telles conceptions! Erreur, erreur, Messieurs, vous vous trompez, comme vous vous êtes trompés « avec les analystes éminents » dans vos équations de force dont vous ne connaissiez *pas même le mode d'action.* Écoutez l'expérience : l'exemple d'un régiment obéissant à son chef est irréfutable. En effet, pour que tous ces hommes puissent partir de tel ou tel pied, avancer à droite, à gauche, s'arrêter, reculer, etc., selon l'ordre donné, il faut absolument que la volonté puisse vaincre les impressions diverses qu'ils éprouvent et choisir, déterminer la solution propre à atteindre un même but. Le fait est là, imperturbable : Ces hommes *paraissent-ils* obéir à l'ordre ou *le font-ils réellement ?...* S'il n'y a *qu'apparence,* nos philosophes ont raison, sinon, ils ont tort!...

Ensuite nos mathématiciens calculent (p. 944), qu'aux deux extrémités de l'orbite, une planète peut obéir à ces solutions *singulières*, peut suivre tout autre trajectoire, *sans que les équations différentielles cessent d'être satisfaites*. Voilà donc la planète qui peut aussi choisir sa route? Il suffit de choisir les aires, disent-ils. Or, ils ne s'aperçoivent pas que *choisir les aires* n'est que l'œuvre imaginaire de leur pensée et que la route de l'astre est *absolument déterminée*, comme celle d'une pierre que l'on jette en l'air au moment où elle cesse de s'élever. Bien pis, ils ne voient pas que *choisir les aires*, c'est *changer d'astre, de milieu et de forces!...* Quelle chance, Messieurs, que le public ne sache pas lire de si belles choses en équations.

Vous dites encore que la volonté ne peut s'exercer sans une force spéciale; cela nous *semble aussi*. Mais une personne pense, décide et écrit au loin de faire exécuter tels travaux, ces travaux s'exécutent *selon cette volonté!* et pourtant la lettre souvent inerte, ne porte aucune force propre à ce travail. Voilà le fait ; mettez donc cela en équation?

Vous faites remarquer, comme un grave indice de matérialisme, que le médecin arrête, on rend la vie en mettant le doigt sur les artères qui portent le sang dans un membre ou dans la tête. Or, vous ne remarquez pas que dans le membre, le sang ne porte la force qu'à un organe passif qui n'obéira que s'il est commandé, tandis que dans la tête, il porte la force à deux choses distinctes : aux organes qui n'obéiront que s'ils sont commandés et à la direction cervicale qui commandera elle-même, pourvu qu'elle ait à sa disposition une force pour agir sur des organes matériels. Tout travail volontaire veut une force et la volonté. Si vous supprimez cette force, il n'y a plus a attendre de manifestation matérielle. Ainsi, mathématiquement, on ne peut concevoir que la force fatale, et le fait montre la volonté!... *C'est précisément ce qu'il faut mettre en évidence et non pas voiler.*

J'ai de plus montré à l'Académie que la volonté dépend de l'instruction et *l'on n'instruit pas la force fatale*. Le soldat ne peut obéir qu'après avoir appris l'exercice. La volonté exprimée dans la lettre ne peut être exécutée que si le destinataire *sait lire*, etc. Mais l'un des correspondants peut être né en Chine, l'autre en Amérique et leur *instruction* séparée par des milliers de générations. C'est elle qui agit et non pas la force fatale qui ne peut rien apprendre. Ainsi ce qu'il faut à l'homme pour commander à la fatalité c'est *l'instruction* et vous *l'étouffez;* ce qu'il faut à l'homme pour jouir des forces de la nature, de la force brute mise à sa disposition, c'est *la science*, c'est *l'instruction* et vous *l'étouffez!...* Oh! malédiction?

Faute de voir des résultats aussi nets, voilà des philosophes qui sacrifient tout, se rendent vulnérables de toute part, et s'aveuglent devant des résultats merveilleusement propres au but moral... Voilà donc la science, la raison, la richesse, la morale sacrifiées par l'erreur !...

C'est à douter de la raison humaine.

Dans cet aveuglement on tombe à bras raccourcis sur cette pauvre science, comme naguère M. le duc de Broglie devant les collégiens d'Évreux, et la présomption répète en chœur : comment voulez-vous qu'un jeune homme qui aura compris la science retourne au travail ? Dites-nous, aujourd'hui que malgré vos effrayantes réticences chacun sait que la vapeur repousse et n'attire pas, qu'elle est cent fois plus forte et rapide que le bœuf ou le cheval, n'y a-t-il plus de bouvier ? tout le monde est-il mécanicien ? La place est au plus habile, ce dont nous profitons, et avec la science, l'homme comprenant mieux son œuvre, a d'autant plus de goût et de profit. Voilà tout. Il a fallu des siècles pour apprendre que, sans esclavage, sans iniquité, l'homme libre travaille avec beaucoup plus d'efficacité et de courage et vous l'aveuglez encore pour l'aider ! La science appartient au travailleur, c'est son guide, c'est son bien, c'est la richesse sociale. Ah ! ne l'étouffez pas.

Jadis, il y avait aussi le vieux régime inavouable, de faire régner le privilége sur l'ignorance et la misère, qui rendraient l'homme plus facile à... gouverner. Est-ce là ce que vous voulez ? Eh bien, vous allez voir que ce système en ôtant *dix mille pour un* au public ne le donne pas au privilége, mais *lui ôte encore cent pour un.*

Par les seuls progrès que les changements sociaux ont laissé se développer avec quelque liberté, nous voyageons avec la rapidité du vent et nos dépêches avec la rapidité de l'éclair. L'homme regarde les étoffes se tisser et les plus durs travaux s'exécuter comme par enchantement, au lieu de subir les plus pénibles labeurs. Dans nos campagnes, un excellent pain a succédé au pâton noir de recoupes, pommes de terre et graines inférieures. En 1658, *trois cents* carrosses circulaient dans Paris, menant en moyenne deux privilégiés deux ou trois fois par semaine. Aujourd'hui, il y a *soixante-dix mille* véhicules, wagons, tramways, omnibus, etc., avec une moyenne de six personnes et de cinq voyages par jour, soit plus de *dix mille personnes* au lieu d'*une* jouissance de ce bienfait qui, de plus, comprend encore *cent fois autant de voitures particulières !...* Entendez-vous bien *dix mille personnes* au lieu d'*une !...* C'était « *le bon vieux temps* » comme les hypothèses étaient la science, comme les erreurs philosophiques étaient la sagesse, comme *un* était *dix mille !...* Vous voyez que la force des choses vous laissera d'autant moins de bien que vous en éteindrez d'avantage la source. Les gouvernements n'avaient pas l'idée des immenses progrès dont ils privaient l'humanité.

Telle est *l'ignorance* qui s'est intitulée magistralement « D'ORDRE SUPÉRIEUR » qui étouffe la science, le bien. Nos lois ont aboli le privilége qui profitait à quelques-uns; mais elles ont conservé l'injustice et l'obscurantisme qui nuisent à tous !... Ainsi quand l'homme intelligent fait une découverte utile, crée le bien, vite la loi l'entrave par taxe et stigmate, s. g. d. g.; puis le déshérite aussitôt qu'elle est en état de produire. C'est l'intelligence multipliant son œuvre qu'il faut encourager, c'est l'intelligence qu'on déshérite! Et de même qu'on entrava la vapeur et tant d'autres choses si utiles, on entrave aujourd'hui le principe même de la science qui donnera des bienfaits immenses. Pour avoir une idée des profonds malheurs de la situation, il n'est pas nécessaire de remonter aux corps que lient leurs missions, qui paralysent la science et le bien en s'attardant à des interprétations *à l'usage des pauvres d'esprit*, qui *divisent ainsi la société* en deux camps : ceux qui croient et ceux qui rient. Arrêtons-nous aux corps officiels les plus éclairés.

Prenons au hasard quelques livres classiques : CHIMIE, par H. Debray. On y trouve 28 pages de nomenclature et notions peu explicites et sans cause, puis 800 pages de faits entassés sans principes ni liens d'ensemble. Nulle mémoire ne saurait embrasser ni profiter de tant de faits décousus. — COSMOGRAPHIE, par H. Garcet. Elle a pour base l'*attraction universelle dans le vide*, et pour éviter ce qui démontre la répulsion et les atmosphères de décroissance indéfinie, on pose des formules, on appelle ses effets *inégalités*, *anomalies* (p. 246) : « *Equation du centre* = 6° 20' × sin A. *Evection* = 1° 20' × sin (2D—A). On évite complétement d'expliquer non-seulement la raison, mais la nature des mouvements que nous indiquerons plus loin. N'y a-t-il pas de quoi rendre un élève imbécile plutôt que savant? — PHYSIQUE, par Jamin. Ce livre traduit tout en formules sans cause pour mieux échapper à la raison des faits. Mais il annonce « un grand progrès : » l'admission du mouvement vibratoire (*défiguré*) et l'équivalent mécanique de la chaleur exprimé par des formules très-exactement calculées; *mais qui ne répondent pas aux lois de la nature !...* Cela est si étonnant que je me hâte de dire que l'Académie des sciences le constate elle-même dans ses *Comptes rendus*, t. 481, p. 130. Satan n'aurait rien trouvé de mieux que l'homme se trompant, s'aveuglant lui-même pour faire le mal au lieu du bien.

Nous sommes donc encore profondément courbés sous cette vieille trame de fausses vues et d'erreur qui invoquait à tort des nécessités philosophiques qui n'a été et n'est encore, répétons-le, que le fléau de l'humanité tout entière.

PRINCIPE UNIVERSEL

DU MOUVEMENT

ET DE LA VIE

RÉSULTANT DE LA DÉCOUVERTE DE CETTE LOI GÉNÉRALE

LA FORCE VIVE
se transmet mieux entre corps ou vibrations semblables qu'entre états différents

---

§ 1. **Cause expérimentale de répulsion universelle.** — Après avoir cherché la loi qui régit l'univers dans les phénomènes les plus variés et les plus complexes, nous avons fini par la trouver dans les faits les plus simples et les plus communs. Les effets que nous pouvons observer sur la matière tangible étant régis par la même loi que ceux de la matière non tangible, il nous suffit de regarder autour de nous pour saisir cette loi.

Nous savons déjà que la force des gaz et des vapeurs résulte des chocs ou vibrations moléculaires, de même que la chaleur et la lumière, et nous voyons de toute part que les chocs ne peuvent produire que de la répulsion. Partout où les causes sont observables, elles ne transmettent que de la répulsion. En effet, tous les fluides sans exception ne se transmettent que de la pression, et aucun corps solide libre, comme aucun des fluides ne se transmet le mouvement autrement que par chocs ou pression. Voyez un piston horizontal, il est repoussé avec force par la vapeur, et, lorsqu'elle s'amoindrit, il revient sur lui-même par la pression de l'atmosphère, seul et unique effort qu'elle puisse exercer. Alors il se rapproche *comme s'il était attiré*. Regardez sur le tapis vert du billard les chocs des billes entr'elles comme avec les queues et les bandes, ils ne produisent que de la répulsion, jamais d'attraction. La boule qui frappe les quilles, le marteau qui frappe l'enclume, toujours de la répulsion ; il en est de même de tous nos efforts mécaniques, le coin, le levier, l'engrenage ne sont que des modes de pression ; le cheval même qui semble tirer ne fait que s'appuyer sur son collier pour agir sur des corps dont nous verrons la solidité résulter aussi de la pression.

Donc, quelle que soit la grosseur ou la ténuité des corps, toute espèce de chocs ou vibrations produit de la répulsion, et, par une incontestable conséquence, l'éther, qui produit des milliards de chocs ou vibrations par seconde, ne peut produire qu'une immense pression ou répulsion dans tout l'espace. Pour que tous les corps tendent à s'équilibrer, il faut, en effet, que la rapidité prodigieuse des vibrations de l'éther soit d'autant plus grande que sa densité est plus faible. Or, dans un milieu vibrant où il ne peut exister que de la pression, il est évident que les corps ou éléments qui se la transmettront avec une puissance insuffisante pour résister à ceux qui se la transmettent mieux, seront pressés les uns contre les autres ou tendront à s'approcher, tandis que les autres tendront à s'éloigner. Nous voyons, en effet, autant de corps s'approcher que d'autres s'éloigner. Nous allons donc rechercher dans quelles conditions les corps se transmettent le mieux ou le moins cette pression.

§ 2. **Loi des transmissions de force.** — Il suffit d'observer les mouvements spontanés de la matière libre, sous toutes ses formes, pour en constater la cause. Ainsi :

Les chaleurs s'égalisent en raison de leurs différences (1).
Les électricités s'unifient en raison de leurs différences (2).
Les vapeurs et gaz se mêlent en raison de leurs différences (3).
Les molécules se combinent en raison de leurs différences (4).
Les liquides se mêlent en raison de leurs différences (5).

Et simultanément les corps plus *semblables :*

Se repoussent ou *s'éloignent* en raison de leurs *similitudes.*

(1) Nous savons par la loi de Newton, que « les chaleurs s'égalisent avec d'autant plus de puissance qu'elles sont plus différentes. » L'action naît et augmente avec les différences de température, donc la différence est cause de ces actions.

(2) Nous savons aussi que les électricités semblables se repoussent et que les électricités différentes tendent à s'unir avec d'autant plus de puissance qu'elles diffèrent davantage, la différence est cause de l'union et la similitude de la répulsion. Sous le nom de LOI DES MASSES, nos fabricants d'hypothèses disent que *les forces électriques sont proportionnelles aux produits des quantités d'électricités répandues sur les deux corps.* Comme les quantités sont, l'une positive, l'autre négative, cela ne fait pas une masse, mais bien une *différence* de masse qui règle l'action conformément à notre loi, et, pour comble de malheur, lorsque les électricités sont semblables et font masses, elles se repoussent !...

(3) Les gaz aussi se mêlent, et se mêlent d'autant plus vite qu'ils sont plus différents et non pas en raison de leurs masses ; ils se mélangent même lorsque le plus dense est dans un vase inférieur et que sa densité tend à s'y opposer.

(4) Les molécules les plus différentes se combinent de préférence, cela est un fait parfaitement connu en chimie.

(5) En faisant surnager du vin sur de l'eau ou d'autres liquides différents, il semble que le plus dense va rester en dessous. Il n'en est rien ;

Donc sous une pression de milieu qui ne peut que repousser dans tous les sens, si les corps semblables s'éloignent, c'est que leurs chocs ou vibrations se repoussent mieux, et si les corps différents s'approchent ou s'unissent, c'est qu'ils se repoussent moins bien et cèdent à la pression du milieu!

Ce qu'on appelle attraction universelle n'est d'ailleurs qu'un gros mensonge, puisque nous voyons exactement *autant de corps s'éloigner que d'autres se rapprocher* et que les chocs, quels qu'ils soient, ne peuvent donner que la répulsion. Nous allons immédiatement donner la preuve expérimentale de ces résultats. Remarquons en passant, que dans les calculs astronomiques, on considère que les astres sont équilibrés entre deux forces égales et contraires. Or, que l'on considère ces deux forces comme deux attractions ou deux répulsions inverses, du moment où elles s'équilibrent et s'éliminent dans les calculs comme égales et contraires, ils n'en sont pas moins exacts. Le mot attraction n'est donc qu'une supercherie d'autant plus palpable, que tous les mouvements des corps libres donnent *de la répulsion.*

En attendant que nous constations par les faits et l'expérience, que les astres, comme les molécules, obéissent à cette loi, pour la vérifier, suspendons des billes élastiques en lignes contiguës; chacune par deux fils disposés en V, de manière qu'elles puissent se choquer sans frottements. Si les billes sont semblables ou de même poids, nous remarquerons que par le choc de l'une contre l'autre, elle lui transmet immédiatement toute sa force et s'arrête à la même place sans mouvement, et si plusieurs billes semblables se succèdent, toutes restent en repos immédiat après avoir reçu et transmis la totalité de leur mouvement; il n'y a que la dernière qui s'éloignera avec une vitesse égale à celle de la première. Cela est une expérience de physique bien connue. Nous en concluons nécessairement que les billes, ou corps semblables et de même poids, *se transmettent immédiatement toute leur force.*

Mais, si les billes ne sont pas du même poids, il n'en sera plus de même. Si le corps choquant est plus léger, il reviendra sur lui-même avec une vitesse de réflexion d'autant plus grande qu'il y aura plus de différence entre ces deux corps et la bille choquée ne prendra pas une vitesse égale à celle qui l'a cho-

au bout de quelques heures, et malgré le plus grand repos, le mélange est opéré et toujours les maximums d'actions correspondent aux maximums de différence et non pas aux masses.

En résumé : *Les corps libres sous toutes les formes tendent à s'unir en raison de leurs différences et se repoussent en raison de leurs similitudes.*

quée; il faudra donc le choc successif de plusieurs petites billes, et même d'un très-grand nombre, pour lui transmettre une même vitesse et la même force que lui aurait donnée immédiatement le choc d'une bille semblable. Si le corps choquant est plus dense ou plus pesant, il faudra, au contraire, qu'il choque successivement un grand nombre de corps plus petits pour leur transmettre toute sa force. Ainsi la force se transmet *immédiatement et complétement entre corps semblables* et elle ne se transmet que *successivement entre corps différents*, et même incomplétement en raison de la diffusion qui s'opère entre de nombreux petits corps. Et comme la loi ne change pas, en diminuant indéfiniment les corps, elle reste vraie jusqu'aux dernières limites. Voilà donc la loi vérifiée.

En conséquence tous lescorps, tangibles ou non, par leurs chocs ou vibrations se communiquent d'autant mieux le mouvement, qu'ils sont plus semblables, et d'autant moins qu'ils sont plus différents. En effet, plus les corps sont différents de nos organes et moins nous les sentons, ce que nous allons d'ailleurs montrer par des exemples. Lorsque nous sommes plongés dans l'eau, elle s'équilibre si bien autour de nous que nous ne nous apercevons pas de sa pression. Mais si nous voulons faire un mouvement, nous nous apercevons très-bien de sa résistance, puisqu'elle est presque aussi dense que notre corps. Quand nous sommes tranquilles dans notre chambre, nous nous apercevons encore moins de la pression de l'air qui s'exerce pourtant sur chaque partie de notre corps avec une force de 0^m76 de mercure ou 103 kilogrammes sur chaque décimètre carré. Malgré cette pression considérable, nous pouvons, avec toute facilité, nous déplacer sans presque nous en apercevoir; ce qui montre, en effet, que la faible densité de l'air, très-différente de celle de notre corps, lui oppose très-peu de résistance. Ensuite, si nous voulons apprécier la pression de l'éther, qui pourtant se transmet extrêmement bien entre éléments semblables puisqu'elle transmet l'action solaire en 8 minutes, ou à raison de 300,000 kilomètres par seconde, nous remarquons qu'étant non-tangibles, ces éléments s'équilibrent de toute part en nous et hors de nous, ce qui rend leur pression insensible. Puis, quand nous nous déplaçons avec une vitesse de chemin de fer de 10 mètres par seconde, la vitesse des vibrations éthérées étantde 300,000 kilomètres ou 30 millions de décamètres, dans le même temps, nous ne troublons cette force que de 1/30,000,000^e c'est-à-dire d'une manière tout à fait insensible et inappréciable à cause de la grande différence de densité de notre corps avec celle de l'éther. Si nous considérons les éléments des corps les plus rapprochés de la même ténuité, ils sont, au contraire, atteints avec d'autant plus de force qu'ils sont plus semblables.

Mais s'ils ne sont pas suffisamment semblables entr'eux, ils ne peuvent se transmettre toute leur force, et, ne pouvant se tenir séparés, ils cèdent à la pression plus forte des éléments semblables pour se réunir en s'alternant pour former les corps solides. C'est en effet ce que nous montre la chimie où les combinaisons sont d'autant plus solides que les corps qui les forment sont plus différents. Les faits et les expériences attestent donc, sous toutes les formes, la vérité de notre loi.

Nous donnons ci-dessous une petite note pour les mathématiciens qui désirent connaître l'expression rigoureuse des transmissions de force et que le lecteur peut passer. C'est une confirmation de plus et une grosse erreur de rectifiée.

Dans les transmissions de mouvement par chocs ou vibrations, la réflexion a toujours lieu du côté du corps le plus léger; elle est donc rétrograde si le petit corps est en arrière, et directe s'il est en avant. En désignant par m la masse du plus petit corps, par M celle du plus grand, et par V la vitesse d'incidence; nous aurons mV dans le premier cas et MV dans le second pour l'expression de la force d'incidence. Comme l'expression de la vitesse transmise x dépend de la différence des masses, cette vitesse pourra varier de 0 si le corps choquant est infiniment petit, jusqu'à 1 s'il devient égal au corps choqué; alors il n'y a plus de réflexion. Si le corps choqué diminue à son tour de poids, la vitesse transmise variera depuis 1 lorsqu'il est encore égal au corps choquant, jusqu'à 2 lorsqu'il devient infiniment petit; parce qu'en effet, dans ce cas, le corps choqué prend, *en outre* de la vitesse incidente, une vitesse de réflexion directe, égale à celle d'incidence, ce qui fait une vitesse double.

Comme la vitesse transmise dépend des différences de masse m et M, nous aurons pour la valeur de x dans le premier cas $m+m/M+m=x$. En effet, quelles que soient les différentes valeurs des masses m et M, on voit que x ne peut varier que de 0 à 1. Pour le second cas, nous n'avons qu'à renverser les termes et nous avons $M+M/m+M=x$, x varie en effet, depuis 1 pour les corps semblables jusqu'à 2 pour les corps extrêmement différents. En appliquant ces vitesses aux corps choqués, on a MVx dans le premier cas et mVx dans le second pour expression de la force transmise en supposant les corps isolés.

Mais lorsqu'il s'agit de l'action exercée par ou contre un milieu continu, les actions se modifient. Divers faits nous montrent que le multiplicateur x doit être placé en exposant, pour répondre à ces conditions et l'on a MV^x pour la force transmise **par** un milieu continue et mV^x pour celle transmise **à** un milieu continu, M et m étant leurs densités.

Maintenant nous arrivons à une conséquence extrêmement importante, c'est que les formules de la science actuelle MV, MV^2 et $1/2\ MV^2$ ne sont que des cas décousus et insuffisants de la formule générale MV_x que nous venons de développer. MV répond à la force entre corps *semblables*, MV^2 à celle entre corps extrêmement *différents* comme astres et éther. $1/2\ MV^2$ qui est applicable à certains corps mous est une fiction pour la force vive. Comme dans les conditions ordinaires qui nous entourent et nous intéressent vivement, ces cas sont des exceptions, il en résulte que la généralité des calculs sont faux, ce qui les rend inutiles et nuisibles. Ne vous étonnez pas de ce résultat; nous avons vu que la science officielle le reconnaît elle-même.

Ainsi encore notre loi se trouve démontrée : *La force vive se transmet mieux entre corps ou vibrations plus semblables qu'entre états plus différents.*

P. S. Autre preuve à la portée de tous. — Pendant que je prépare cette quatrième édition, on vient accorder un piano à côté de moi. Quel n'est pas mon étonnement en remarquant un fait bien connu. Lorsqu'une corde quelconque vibre, elle ébranle précisément celles qui répondent le plus exactement à ses vibrations, d'abord les unissons, c'est-à-dire *les vibrations semblables*, ensuite celles qui, dans un même temps, donnent le plus de vibrations synchrones, tandis que les notes les plus différentes restent silencieuses. Je demeure ébahi devant cette preuve palpable. Puis je songe aux peaux tendues sur les poteries des théâtres de l'antiquité qui, en vibrant à l'unisson de la voix du chanteur, lui donnait de la force, du charme et une douce harmonie. Quoi, j'ai cherché ma loi dans les mouvements des astres et la voilà qu'elle frappe les oreilles de tout le monde depuis la plus haute antiquité!... O physicien de tout âge « pends-toi, » la lyre, le luth, la harpe, le piano sonnent et résonnent cette loi « et tu n'y étais pas. »

En conséquence du principe que nous venons de démontrer, la force est aussi d'autant mieux transmise que dans une série les corps ou molécules sont plus uniformément croissants ou décroissants ; puisque c'est ainsi que les degrés sont le moins tranchés en passant d'une extrémité à l'autre ; elle est d'autant moins transmise qu'ils sont plus fortement alternés. Cette remarque est très-importante en ce qu'elle trouve un grand nombre d'applications dans les atmosphères régulières des corps, et qu'elle montre pourquoi les corps de même densité moyenne agissent souvent différemment à cause du groupement différent de leurs éléments.

Tous les phénomènes, *sauf ceux de la volonté*, répondent à cette loi. Il suffit donc de savoir si les corps qui vont se trouver en présence sont plus ou moins différents pour prédire s'ils vont tendre à s'unir ou à s'éloigner. En effet, sous une même pression de milieu, ce sont les corps les plus *différents* qui *se combinent* tandis que les plus *semblables* s'éloignent. Les électricités *semblables* se repoussent ; plus *différentes* elles s'unissent. Le côté de la terre qui a été échauffé par le soleil s'en éloigne par plus de *similitude*, refroidi pendant la nuit il s'en rapproche par plus de *différence* et... la terre tourne !... etc., fait *confirmé par le radioscope*. (Voir ci-après).

§ 3. Causes de la formation des atmosphères. — La première et la plus importante conséquence de la moindre transmission de force entre les matières différentes, est que tous les corps denses ou solides, astres ou molécules, s'entourent d'atmosphères d'autant plus denses qu'elles sont plus mal réfléchies et par une plus grande surface qui, près du corps, atteint la moitié de la sphère d'action.

Si nous considérons un corps dense à une certaine hauteur dans l'atmosphère de la terre, les vibrations éthérées ou gazeuses qui l'atteignent du côté extérieur, perdent de leur puissance en raison de leur différence avec ce corps. Les vibrations du côté de la terre perdent davantage de force parce qu'elles sont mal répercutées d'un côté par ce corps et de l'autre par la terre. Il en résulte que plus ce corps sera dense ou différent du milieu qui le sépare de la terre, plus il tombera sur elle avec force. Mais s'il s'agit de corps de plus en plus légers, ils finissent par rencontrer dans l'atmosphère, du côté de la terre, assez de similitude de densité pour en recevoir une répulsion suffisante pour résister à la pression supérieure. Ces corpuscules prendront donc une position telle que la pression inférieure soit égale à la pression supérieure, et s'éloigneront d'autant plus qu'ils sont plus légers pour trouver leur équilibre; ils formeront ainsi une atmosphère de densité indéfiniment décroissante. Par cela même que les éléments plus denses répercutent mal ceux moins denses, il en résulte aussi que les éléments les plus denses d'un milieu, tangible ou non, s'entourent de plus petites atmosphères d'éléments moins denses encore ou éthérés qu'elles répercutent mal. Donc lorsque les éléments ne sont pas tangibles, ils n'en sont pas moins différents les uns des autres, comme nous le montrent la décomposition de la lumière et d'autres faits. Par conséquent, ils continuent à se disposer en atmosphère indéfiniment décroissante et selon l'importance des corps qu'ils entourent. Cet état de chose est une conséquence inévitable de la loi des transmissions de force; nous en donnerons, en outre, la preuve par l'équilibre et les mouvements des astres. Les ballons s'équilibrent dans l'atmosphère, malgré les corps très-denses qui les composent, parce qu'ils renferment des fluides légers qui ont une tendance inverse, et nous verrons que les planètes dans l'atmosphère solaire. et les satellites dans celle de leurs planètes, s'équilibrent dans des conditions analogues.

Maintenant, pour connaître la loi de décroissance des atmosphères, il faut remarquer que la surface d'action d'un astre ou autre corps dérobe une partie du milieu sidéral inversement proportionnel au carré de sa distance, c'est-à-dire que dérobant 4 unités à telle distance, il n'en dérobe plus qu'*une* à une distance double. Néanmoins les matières ayant des tendances inverses et à différents degrés, la décroissance des atmosphères est inverse des distances, comme le montre l'expérience. Un morceau de limaille de fer montre parfaitement la puissance avec laquelle il s'attache son atmosphère. Pour qu'il se maintienne sur l'eau, quoique huit fois plus lourd, il faut que la seule partie d'atmosphère qu'il s'attache avec plus de force que le poids de l'eau soit 8 fois plus volumineuse que lui.

Lorsque l'on comprime un gaz dans un espace 2, 3, 4 fois plus réduit, sa force répulsive devient 2, 3, 4 fois plus grande parce que ses éléments étant plus rapprochés se choquent 2, 3, 4 fois aussi souvent avec la même vitesse. On voit ainsi que la force répulsive peut croître infiniment par le rapprochement des éléments s'ils sont semblables. Par conséquent aussi, lorsque les vibrations éthérées perdent de leur vitesse par la réaction contre un corps plus dense, nous voyons qu'il suffit que ces molécules se rapprochent contre le corps dense, sous forme d'atmosphère plus dense, de manière à augmenter le nombre des chocs pour conserver la même force vive. Ce résultat est donc la conséquence inévitable de l'égalité de pression nécessaire à l'équilibre et qui ne peut se démentir sans donner naissance à des mouvements équivalents.

Ces conditions donneront ainsi à la densité des atmosphères une décroissance indéfinie, puisque, près du corps dense, l'atome ou la molécule de l'atmosphère éprouve un manque de réaction sur près d'une moitié de sa sphère d'action, tandis qu'en s'éloignant de plus en plus, chaque corps ne l'éprouve que relativement à un espace de plus en plus réduit.

Nous pouvons encore nous rendre compte de la formation des atmosphères sous un autre point de vue. Du moment où tous les milieux gazeux ou éthérés doivent nécessairement résister à la même pression, il est évident que si un corps perd de sa vitesse par sa moindre réaction contre un corps plus dense, il faut nécessairement que ses éléments s'approchent davantage pour que la plus grande fréquence des chocs compense la vitesse perdue et donne la même force. Nous avons l'ouïe pour percevoir les vibrations assez lentes de l'air, le tact pour percevoir celle de la chaleur, et la vue pour percevoir celles de la lumière; mais l'habile facteur et accordeur aveugle des Ternes, M. Oury, dit que, lui et d'autres, sentent par la tempe la proximité d'un mur, d'un tronc d'arbre, même d'un mètre de pierre en passant sur une route, et que, comme d'autres jeunes aveugles, il comptait les barreaux d'une rampe d'escalier sans les toucher et par la seule impression que l'approche produit sur la tempe. Évidemment, une telle sensation ne peut venir que de l'atmosphère des corps qui est plus puissante par le rapprochement.

§ 4. **Cause de l'élasticité.** — Nous voyons aussi que chaque élément d'une certaine densité, s'entoure avec une force déterminée d'une atmosphère spéciale. Dès lors, quand les atmosphères de ces petits corps exercent une pression les unes contre les autres, elles se compriment en raison même de cette force; mais, dès que cette pression cesse, les atmosphères qui tendent à se reconstituer avec la même force, reprennent leurs formes et leurs forces initiales. Si, au contraire, elles subissent une dépression, des résultats inverses se produisent; elles se développent plus complétement en raison de la moindre pression. Ainsi l'élasticité a beaucoup d'étendue dans l'atmosphère étendue des gaz; elle en a peu dans celle très-réduite des solides et des liquides (Voir plus loin la cause de l'état liquide). Dans les ondes sonores, les molécules tangibles vibrent sans se toucher, parce que l'atmosphère de l'une chasse l'atmosphère de l'autre. Elles reviennent sur elles-mêmes par l'élasticité.

§ 5. **Cause de la chaleur.** — La science classique dit : *la chaleur est du mouvement* et n'a jamais pu tirer que des calculs insuffisants de cette vague indication. Les vibrations éthérées les plus rapides ne donnent, en effet, que du froid extrême; ce ne sont donc pas tous les modes de mouvement qui donnent de la chaleur. Là où s'arrête la vue de l'homme, celle du principe se maintient, et il nous dit : les vibrations des éléments de notre milieu les plus denses, sont celles qui se transmettent le mieux à nos organes et aux autres corps denses et qui, par cela même, peuvent le mieux agir sur eux ou les désunir. Donc la chaleur résulte des vibrations du milieu qui comprend les éléments les plus denses et qui, par conséquent, donnent les vibrations les moins rapides mais les plus amples. La chaleur dépend donc en même temps de la densité du milieu et de l'amplitude des vibrations. L'observation va nous donner de suite la preuve de ce résultat.

Nous remarquons d'abord que la simple compression des gaz qui accroît leur densité augmente la chaleur. Mais voici un exemple bien plus grandiose. La chaleur solaire perd de sa sensibilité à mesure que les vibrations s'éloignent en se transmettant dans un milieu moins dense. Le milieu interplanétaire est donc d'autant plus froid qu'il est moins dense et que les vibrations y sont plus rapides. Mais à mesure que le mouvement, en s'approchant de la terre, rentre dans l'atmosphère plus dense de cet astre, il se manifeste en effet d'une manière d'autant plus sensible comme chaleur. Ainsi, la chaleur est moins grande sur les montagnes et les plateaux que dans les vallées où la densité du milieu est plus grande, l'échauffement réglant d'autre part l'amplitude. Et, si l'on continue à descendre dans la terre, la chaleur s'accroît aussi en même temps que la densité du milieu. Ce sont là des résultats incontestables et qui n'ont pas besoin de plusieurs sortes d'explications. En voulez-vous encore la preuve par des expériences directes? Faites le vide d'air dans la machine pneumatique et la chaleur diminue. Laissez-y rentrer même de l'air froid, et la chaleur augmentera avec la seule densité. Pressez le piston du briquet à air et par cette seule augmentation de densité subite, la chaleur devient telle qu'elle allume l'amadou. Faites combiner deux corps, en prenant plus de densité ils développent de la chaleur, en se séparant, ils la perdent, etc., etc.

C'est en donnant cette démonstration si claire, dans le grand amphithéâtre de la Sorbonne, le 21 avril 1876, devant la réunion des sociétés savantes, que je fus subitement interrompu par le président, membre de l'Académie des Sciences, malgré les réclamations de l'auditoire. Rien ne coûte pour maintenir l'obscurité dans la science, il leva la séance. Mais, à ma sortie dans la grande cour, j'en fus dédommagé par une manifestation générale des plus sympathiques.

Notre science classique a fait de bien singulières interprétations; du moment où l'oxigène est plus dense, par exemple, il a la propriété de donner des vibrations caloriques par sa plus grande densité, il est évident qu'il faut lui transmettre peu de vibrations caloriques plus semblables pour lui faire manifester de la chaleur. Si, au contraire, on veut échauffer l'hydrogène de la même quantité, il est évident qu'il faut lui transmettre beaucoup plus de chaleur ou de vibrations différentes, d'abord parce qu'elle lui est mal transmise par un mode de vibrations différent, ensuite parce que son mode de vibrations plus rapide s'accuse moins sous forme de chaleur. On a appelé cela capacité calorique, alors qu'on aurait dû l'appeler *incapacité calorique*; et, en effet, c'est parce qu'un corps transmet sa force en vibrations moins caloriques, qu'il est si difficile de l'échauffer, et ce sont ces vibrations devenues moins sensibles qu'on appelle chaleur latente. Ainsi se résout d'une manière très-simple le grand mystère de la chaleur latente.

§ 6. **Transformation des mouvements.** — Pour avoir une idée de la transformation des vitesses de mouvement par la différence de poids des corps, cela est assez facile : frappez sur des cloches ou sur des lames élastiques, le même choc les ébranlera d'autant plus vite qu'elles seront plus petites, toutes proportions gardées, ce qui donne le degré de gravité ou d'aiguïté des sons, et nous montre de suite que, sous une même action, la vitesse est plus grande pour une masse moins pesante. Puis les vitesses de réflexion des molécules du milieu seront augmentées de chaque côté par le corps vibrant, attendu *qu'il rencontre plus de molécules pendant qu'il s'avance* *contre elles que pendant qu'il revient sur lui-même*: molécules auxquelles il ajoute sa vitesse, plus un excès de réflexion à chaque retour, ce qui augmente de plus en plus les vitesses. En conséquence, les molécules avec leurs éléments atmosphériques, de plus en plus petits, agissant de même les uns contre les autres, il en résulte un accroissement de vitesse extrême pour les dernier éléments de la matière, et *vice versa*. Ainsi, à mesure que le poids des corps mis en mouvement diminue, la vitesse augmente, le mouvement se transforme. La force mécanique de la masse solide tend à devenir vibrations sonores, caloriques, lumineuses, etc., et en tout lieu les mouvements se transforment les uns dans les autres. Il en résulte que la vitesse de transmission lumineuse se trouve être la vitesse de transmission pour tous les modes de vibrations qui prennent sur place une vitesse inverse de leur densité.

§ 7. Conséquences des différences de transmission de force. — *Nulle augmentation ni diminution de force locale n'est nécessaire pour produire le mouvement.* Lorsque sous l'impulsion universelle, des corps arrivent en présence, CEUX QUI SUBISSENT DES VIBRATIONS PLUS SEMBLABLES S'ÉTENDENT, S'ÉLOIGNENT EN SE TRANSMETTANT MIEUX LEUR FORCE, *et simultanément*, CEUX QUI ONT DES VIBRATIONS PLUS DIFFÉRENTES SE RAPPROCHENT OU S'UNISSENT PAR MOINDRE PRESSION. Ainsi, lorsque des molécules différentes s'approchent ou se combinent, les corps et les éléments plus semblables s'éloignent, et les plus différents s'approchent. *Chaque corps est donc poussé dans un sens ou dans l'autre, selon son état relatif.* (Tous ces effets ayant leurs conséquences inévitables, ne peuvent produire, seuls, les mouvements facultatifs de la volonté.)

§ 8. Transformations de la matière. — A part quelques réactions accidentelles de température, nous voyons, à tous les âges du globe, la matière se condenser de plus en plus. Il faut donc que la matière retrouve dans d'autres conditions ses causes de désunion et d'expansion. Sur ce point, notre loi est précise : *La matière s'unit par ses* DIFFÉRENCES *et se sépare par ses* SIMILITUDES. L'union par différence n'ayant qu'une force limitée, que nous montrent beaucoup de faits, il arrivera nécessairement que sous l'accumulation des couches géologiques, la pression sera plus forte que l'union des molécules différentes et en réduira les interstices au dernier degré en unifiant les éléments. Alors les atomes n'étant plus retenus par leurs différences, mais excessivement rapprochés, le nombre des chocs, sous une vitesse donnée, devient excessivement multiplié; la force de répulsion, qui est proportionnelle au nombre des chocs, est donc excessive et la raréfaction qui résulte de cette force extrême devient aussi excessive. Donc, lorsque la matière ne pourra plus résister à la pression par ses différences, les explosions seront formidables et reporteront la matière à sa forme éthérée la plus accentuée. Il se formera ainsi au centre de l'astre en voie de formation un centre éthéré que justifie l'équilibre inévitable des astres dans leur milieu, ce que nous démontrerons. Mais avant d'aller plus loin, montrons que ces déductions sont aussi justifiées par l'expérience directe : M. Cheneau, ingénieur à l'usine de Pontgibaud, Puy-de-Dôme, ayant soumis un lingot d'argent à l'énorme pression de 400 atmosphères, il se produisit une terrible explosion, qui fit renoncer à ces dangereuses expériences. D'autre part, nous savons que les fulminates se préparent précisément avec l'or, l'argent et le mercure, corps qui sont en même temps denses, maléables et faciles à unifier au moyen de quelque préparation et de la pression du choc. Dès lors, l'expérience vient justifier les conséquences de notre loi et nous allons voir que les grands phénomènes terrestres et sidéraux y répondent parfaitement.

Les vibrations extrêmes à l'intérieur détermineront une densité de milieu excessivement faible, qui fera équilibre à l'enveloppe dense de la planète pour lui permettre de flotter dans l'atmosphère du soleil, comme un ballon dans l'atmosphère terrestre.

De plus, nous sommes les témoins contemporains de ces explosions souterraines qui ébranlent les continents par de formidables secousses, ainsi que des chaînes de cratères que les puissantes couches stratifiées obligent à se porter dans les plissements plus faibles de la croûte terrestre, où ils vomissent le trop-plein de cette croûte résistante. Les traces des actions caloriques internes et de leurs expansions externes sont manifestes. Ces faits accusent donc le double phénomène de condensation, puis d'explosion, qui transforme les couches terrestres, et cela sans faire intervenir autre chose que des phénomènes tels que nous les voyons encore.

Maintenant, jetons les yeux sur la lune, couverte de cratères qu'une abondante végétation et de nouvelles couches n'ont pas encore recouverts, et demandons-nous ce qu'auraient pu faire tant de bouches vomissantes si une puissante transformation de la matière dense centrale, en devenant fulminante sous la pression, ne les eût alimentées par l'énorme développement que prend la moindre parcelle de matière dense. La solution s'impose d'elle-même. Puis, lorsqu'un milieu éthéré s'est formé au centre de l'astre, la plus grande pression ne se produira plus à son contact, à cause du voisinage des matières différentes, mais dans la masse de la croûte enveloppante et plus près de la face interne, où la pression est plus grande. Le grand nombre de cratères que nous montre la lune nous apprend que c'est dans cette dernière condition, c'est-à-dire dans l'épaisseur de la croûte et non au centre de l'astre, que se sont produites les dernières explosions ; sans cela, le nombre des cratères serait moins grand pour dégager une action centrale ; un seul pourrait même suffire. Maintenant, voulez-vous voir de vos yeux ces explosions formidables s'exerçant sous l'action de la pression ?... Prenez un télescope et regardez le soleil. Par sa puissante masse, il détermine la chute d'une grande quantité d'astéroïdes, bolides et aérolithes de toutes sortes, incomparablement plus nombreux que sur la terre. Comme sa puissance de compression est aussi considérablement plus grande, leur explosion doit en effet se produire pour les matières les mieux préparées aussitôt en pénétrant dans la photosphère. Nous voyons ainsi la source de cette chaleur, jusqu'alors incompréhensible, que nul phénomène connu ne peut expliquer ? Le soleil rend en rayonnements éthérés ce qu'il reçoit en matière condensée.

Ce mode de transformation de la matière explique :

La continuité de l'émission de chaleur solaire sans combinaison et sans épuisement, inexplicable autrement ;

Les projections gigantesques de matières qu'il opère journellement à sa surface ;

Comment un soleil peut être immense sans être plus dense sous une compression excessive ;

Comment les planètes peuvent flotter en équilibre dans une atmosphère qui paraît peu dense ;

La cause et l'usage des volcans terrestres et lunaires ;

La cause des tremblements de terre ;

La cause des dénivellements de mer, qui, de nos jours, engloutissent des villes ou soulèvent des plages. Ce que nulle autre force ne peut expliquer ;

La chaleur terrestre ;

Les alternatives d'époques chaudes et glaciaires, survenant après de grandes explosions ;

La cause des projections de matières fondues ou s'élevant.

La force puissante qui a soulevé, disloqué et tourmenté les montagnes ;

Le cycle complet des transformations de la matière par similitude et par différence d'action, etc., etc.

La prétendue attraction universelle ne pourrait donner que la condensation de la matière. Avec la répulsion relative, nous avons la condensation par différence d'action et la répulsion par similitude, qui nous montrent le mode d'union et de désunion des corps, ainsi que le mode d'accroisement et de transformation des planètes. Par une seule force, la *répulsion*, nous avons la cause des mouvements de toutes nos machines présentes, la voie tracée pour la découverte de toutes nos machines futures, la clef de tous les phénomènes de la nature et le cycle complet des transformations de la matière. Voilà le grand secret de la nature. Il nous permettra, non-seulement de dévoiler ses mille et mille ressources, mais il nous montre que la plus puissante force qui soit mise à notre disposition est celle que renferme par la compression la moindre parcelle des corps les plus denses. Ce principe doit porter l'homme au plus haut degré de puissance et de bien-être, en le rendant maître des inépuisables forces que la nature a mises à sa disposition!... Oh! barbares continuateurs de la fanatique ignorance, quand donc aurez-vous compris que vous êtes la serre impitoyable qui étouffe et paralyse l'humanité au milieu de ses trésors?

§ 9. **Mouvements et dispositions générales de la matière.** — Si nous voulons vérifier expérimentalement la décroissance indéfinie de l'atmosphère solaire, cela n'est pas difficile, les expériences se font tous les jours.

Nous savons parfaitement qu'en chauffant un corps, il perd de sa densité, se vaporise et s'élève dans l'atmosphère de notre planète d'autant plus haut qu'il est plus léger, en cherchant la zone de densité semblable où il trouvera son équilibre; ce qui nous démontre et nous confirme, de la manière la plus positive, la décroissance de densité de notre atmosphère terrestre, et nous savons que cette décroissance est inverse des distances. Il s'agit maintenant de faire *la même expérience dans le champ de course des planètes,* pour nous assurer que la décroissance de densité existe aussi dans l'atmosphère solaire!... Ne craignez rien, cela est facile : la science est avec nous.

Passons à l'expérience : tout est prêt, nos foyers sont allumés; commençons par observer la comète qui s'approche du soleil. A mesure que la chaleur de cet astre croît par le rapprochement, elle dissout la matière cométaire, qui, en devenant moins dense, s'élève d'abord dans l'atmosphère cométaire jusqu'au point d'équilibre des deux atmosphères cométaire et solaire; alors, l'atmosphère solaire prenant le dessus, cette matière est déversée autour de l'atmosphère cométaire, puis rejetée loin du soleil sous forme de queue. Et, pour vous montrer que l'atmosphère solaire est concentrique au soleil à mesure que la comète tourne toujours, la matière dissoute et plus légère se porte en rayonnant au loin du soleil, ce qui montre parfaitement qu'elle y cherche son équilibre dans une atmosphère moins dense.

Voulez-vous maintenant une expérience céleste, dans laquelle vous puissiez *toucher du doigt* les différences de chaleur et de densité qui vont se produire en même temps que vous observerez le résultat obtenu, cela est encore facile : regardez les planètes qui tournent sur elles-mêmes; sur la nôtre, vous pouvez sentir et apprécier que la température n'est pas la même le matin et le soir, et ces différences de température, comme toute force, ont nécessairement un équivalent mécanique, que nous avons fait connaître et qui a été confirmé par le radiomètre. Le soleil échauffe chaque planète de manière que, vers le soir, la chaleur accumulée pendant le jour se trouve *à l'est du méridien solaire* et rend sur ce côté de la planète les matières du périmètre plus chaudes et moins denses ; par conséquent, ce côté s'éloigne, tant par plus de légèreté, que parce qu'il répercute plus efficacement la force vive des vibrations solaires, ce qui rend aussi plus facile la transmission de cette force répulsive à la matière dense de l'astre; par conséquent ce côté de la planète s'éloigne du soleil. *A l'ouest du méridien solaire*, sur la planète, se trouvent au contraire les parties qui viennent d'être refroidies par la nuit et rendues plus denses. Par conséquent, ce côté de la planète se rapproche du soleil, tant par plus de densité que parce que ses matières refroidies transmettent moins bien les vibrations solaires et elle tourne indéfiniment, puisque indéfiniment ces différences de température se reproduisent.

Voulez-vous une contre-épreuve : regardez le satellite, qui ne reçoit pas ou que peu de chaleur de sa planète ; il ne tourne pas par rapport à elle, il tourne un peu par rapport au soleil, et nous verrons pourquoi il ne peut tourner davantage.

Enfin la terre, comme le soleil, ayant son atmosphère indéfinie de densité décroissante, il en résulte que, lorsqu'elle est à son périhélie dans une partie plus dense de l'atmosphère solaire, la lune, qui n'a pu changer de densité, se trouve trop légère pour cet accroissement d'atmosphère, et elle s'éloigne de la terre pour trouver son équilibre. Inversement, quand la terre est à son aphélie, la lune se rapproche en conséquence de la terre. L'astronomie appelle cela une *anomalie*, faute d'en reconnaître la cause.

Ainsi le soleil, comme la terre ou tout autre corps, possède une atmosphère de densité décroissante, dans laquelle chaque système planétaire prend la distance que lui assignent sa densité moyenne et la force qui le régit ; à tels points que de simples modifications de chaleur et de densité déterminent des mouvements corrélatifs.

Remarquons, en effet, que la densité des planètes est, autant que le puissent dire les calculs astronomiques, inversement proportionnelle à leur distance solaire. Il y a pourtant celle de Mercure qui embarrasse fort les astronomes ; elle était cotée 2,94, il y a quelques années, dans les Annuaires du Bureau des longitudes ; elle y est cotée 1,37 aujourd'hui. Notre loi, qui sera encore vérifiée avec précision, tire d'embarras l'astronomie en montrant que cette densité est 2,58.

Si maintenant nous remarquons que ce que la science a calculé sous le nom de *masse* est précisément la somme de perturbations que les astres exercent les uns sur les autres, en transmettant moins bien la force vive des vibrations éthérées, et que *l'expérience vient de nous montrer que cette moindre transmission de force est encore plus puissante lorsque les matières différentes sont alternées*, nous en concluons immédiatement qu'*une planète aura d'autant plus d'action dite de* masse, *que ses couches seront plus différentes, plus hétérogènes et plus alternées*, c'est-à-dire que la masse d'une planète paraîtra d'autant plus grande qu'*il y aura une plus grande différence de densité entre les éléments de son enveloppe d'abord, et ensuite entre les éléments de cette enveloppe extérieure avec le fluide intérieur, qui, par conséquent, transmettra d'autant moins la force vive qu'il sera plus différent des couches denses superficielles et de l'éther extérieur* dans lequel nage la planète. Loin de nous étonner, ce résultat va satisfaire à toutes les questions embarrassantes et ramène simplement les astres à l'équilibre parfait, que nous pouvons facilement expérimenter par le ballon, qui, au moyen d'un gaz central léger, enlève non-seulement une enveloppe plus dense, mais encore une surcharge de monde, de lest et d'autres corps denses; tout cela pèse moins que cet air qu'on appelle *rien*. Puis les mouvements sidéraux nous donneront la preuve que *la densité moyenne d'une planète ne dépasse pas celle du milieu où elle oscille par d'autres causes.*

Les étoiles, malgré leur éloignement immense, doivent, en raison de leur nombre, apporter un faible appoint à la densité d'atmosphère du système solaire; mais elle ne peut avoir de décroissance déterminée, en raison du concours rayonnant des atmosphères stellaires dont les extrémités sont relativement négatives; ce qui nous rend parfaitement compte de la loi dite *de Bode*. En effet, les planètes sont réparties selon une progression inverse des distances, sauf une certaine valeur constante. En prenant la progression : 0, 3, 6, 12, 24, 48, 96, 192, 384, qui représente l'inverse de la densité de l'atmosphère solaire, en ajoutant la constante 4 à chaque nombre pour la constante des atmosphères stellaires, on obtient les nombres : 4, 7, 10, 16, 28, 52, 100, 196, 388, qui représentent la distance très-approximative de la distribution des planètes, en considérant le groupe des petites pour une seule.

Cette loi indique que les planètes commencent à se condenser régulièrement vers les confins des systèmes solaires pour s'approcher du soleil à mesure qu'elle se condensent.

Ceux qui mettent en avant la force centrifuge comme seule opposée à une prétendue attraction, ne remarquent pas qu'il existe dans le ciel une infinité de groupes d'étoiles qui conservent leur position relative ou qui marchent parallèlement sans tourner les unes autour des autres et sans force centrifuge qui les maintienne écartées, et qui, par conséquent, tomberaient les unes sur les autres, si elles n'étaient maintenues à distance par la force répulsive de leur atmosphère, ce qui explique leurs positions relatives avec une merveilleuse facilité. L'absurdité d'une prétendue attraction universelle est aussi démontrée par le parallélisme des petites planètes.

Quant aux aplatissements polaires des astres, on comprend que la rotation les produit tant à l'état de fluide gazeux, au début de la condensation, que par les dislocations accidentelles de la croûte enveloppante qui lui donne une certaine mobilité.

§ 10. **Cause de la rotation des astres.** — Avec notre loi la cause est des plus simples, comme on vient de le voir : Le centre de la terre étant en équilibre de distance solaire, il suffit de remarquer que le côté de la terre qui a été échauffé pendant le jour étant vers le soir mieux repoussé par le soleil, s'en éloigne par plus de similitude ; tandis que le côté qui a été refroidi pendant la nuit s'en rapproche par plus de différence et..... la terre tourne !... Elle tourne indéfiniment puisqu'indéfiniment les mêmes actions se produisent. Si la terre était en repos, la face qui regarde le soleil s'échaufferait davantage et serait plus repoussée, la face opposée et refroidie tendrait à se rapprocher, cela constituerait un équilibre inconstant qui serait rompu à la première perturbation et le mouvement continuerait comme ci-dessus. Cela est trop simple pour nous en occuper davantage.

Mais depuis que j'ai fait connaître cette cause de rotation elle a inspiré au physicien anglais, M. Crookes, l'idée d'un appareil, le *radiomètre* qui reproduit expérimentalement la rotation par les actions que nous avons décrites. M. Crookes ne mentionne pas ma découverte et je dois ajouter qu'il ne l'a pas même mentionnée après que je lui eus moi-même laissé à Londres ma 3e édition. Mais il n'y a pas à s'en étonner, puisque ce savant, qui a pris pour devise : *ubi crux, ibi lux*, est également convaincu qu'il faut substituer des hypothèses fausses à la vérité. Aussi que de balivernes académiques ont rempli les *Comptes rendus* sur ce sujet. Pour obtenir que le tourniquet mobile enfermé dans l'ampoule du *radiomètre*, nom qui a prévalu, soit dans les mêmes conditions que la terre, on fait le vide de la plus grande partie de l'air enfermé dans ce petit globe, de manière que le reste puisse se disposer en atmosphère d'une part contre les ailettes et inversement contre la face intérieure de l'ampoule, ce qui fait deux atmosphères opposées, séparées par l'éther comme celles du soleil et de la terre. On s'arrange, en outre, pour que les faces du moulinet qui se présentent du même côté, en tournant, soient plus condensantes (ou absorbantes) d'un côté que de l'autre. Dès lors, la force des rayons lumineux ou calorifiques trouve dans l'appareil deux échelles progressives des atmosphères qui leur permettent de se transmettre plus facilement d'un côté que de l'autre selon le mode de vibration qu'elles reçoivent, ce qui met ainsi le tourniquet en rotation comme la terre devant le soleil.

Or nous défions la science d'expliquer le mouvement sans admettre, comme sur la terre, une *différence* quelconque dans la nature des faces recevant les mêmes vibrations et les transformant différemment! La science pourra tergiverser sur des points secondaires, changer indéfiniment de lois où il n'en faut qu'une. Nous, au contraire, nous n'aurons qu'une loi et une confirmation universelle!

Près de certains métaux ou de surfaces noires qui s'entourent de puissantes atmosphères, on obtient des mouvements d'ailettes, même dans l'air ordinaire. Mais comme ces atmosphères se perdent à petite distance dans ce milieu plus dense et uniforme, les effets ne sont appréciables que près des surfaces. C'est précisément ce qui démontre la nécessité des atmosphères distinctes, mais non celle de la chaleur qui n'est pas la seule force qui donne le mouvement et qui disparaît dans l'instrument où l'on fait le vide d'air. M. Crookes, après une foule de tentatives et de réticences, finit par dire, comme nous, que le rayon admis à travers le verre se transforme en approchant de l'ailette. Lorsque les ailettes sont en forme de coupes sans différence de matière, on voit parfaitement que le mouvement de plus grande répulsion est dû à l'atmosphère la mieux graduée, qui se développe par réflexion de toute part sur la surface convexe, tandis que la surface concave, qui trouble et réfléchit au centre les rayons vibrants, perd ainsi de sa force.

Lorsqu'il s'agit d'attribuer à ses membres ou à ses partisans mes découvertes, l'Académie justifie complétement ce que j'ai démontré. On lit dans les *Comptes rendus*, t. 83, page 274 :
« *Une ailette composée ou simple, dont les faces ont actuel-*
« *lement* DEUX *températures* DIFFÉRENTES, *et qui est plongée*
« *dans une atmosphère très-raréfiée, se met en mouvement,*
« *la face la plus chaude éprouvant un recul. Tant que* LA
« DIFFÉRENCE *de temperature existe, le mouvement se main-*
« *tient.* » Il n'est pas possible de constater plus *exactement* et
« *expérimentalement* la cause de la rotation des astres que
« nous avons donnée depuis longtemps dans nos éditions du
« *Principe universel du mouvement*, § 8 : « LE COTÉ DE LA

« TERRE QUI A ÉTÉ LE PLUS ÉCHAUFFÉ, VERS LES TROIS OU QUATRE « HEURES DU SOIR, EST PLUS REPOUSSÉ PAR LE SOLEIL. LE COTÉ QUI « A ÉTÉ REFROIDI PENDANT LA NUIT S'EN APPROCHE VERS LE MATIN, « ET LA TERRE TOURNE !... »

On justifie ma loi : « *La cause du mouvement est une* DIFFÉRENCE *dans la température des faces,* » et l'on ajoute :

« *La théorie de* Tait *paraît donc la meilleure.* »

M. T.... (*Trémaux*) salue l'Académie et réclame ses droits!

J'ai en ce moment, à côté de moi, dans un globe, une petite sphère mate, uniforme, qui tourne par les différences de température comme la terre devant le soleil, et pour mieux justifier ma loi, elle ne tourne pas par l'action d'une lumière uniforme qui l'entoure. Lorsqu'elle est soumise à des actions qui impressionnent différemment ses faces, elle tourne dès qu'on rompt l'équilibre inconstant qui en résulte. Mais comme ses faces s'égalisent bientôt, elle s'arrête et il faut attendre qu'un nouvel état vibratoire différent se soit accumulé pour qu'elle tourne de nouveau, ce qui accuse parfaitement la nécessité d'un état de vibration différent, et justifie ce que nous avons démontré avant l'existence de cet instrument. Un rayon puissant dirigé sur un point quelconque de cette sphère ne l'ébranle pas, parce qu'avec sa composante de réflexion, il donne, quelque soit le point d'incidence, une résultante dirigée sur l'axe. Ce qui montre que ce qu'on appelle un rayon *absorbé*, n'est que transformé et réfléchi sensiblement avec la même puissance. Mais le mouvement peut en résulter lorsque l'équilibre inconstant qu'il accumule est rompu.

Le radiomètre montre en outre : 1° Qu'une force inverse du carré des distances, comme pour les astres, résulte de l'opposition des deux atmosphères inverses des distances de l'enveloppe et des ailes; 2° Que la vitesse est double pour une distance réduite de moitié, comme cela a lieu pour les planètes; 3° Que la vitesse des ailes, comme celle des planètes, est empruntée à une réaction sur l'enveloppe ou sur la rotation solaire (voir les premières colonnes de nos tableaux du système solaire § 11 ; 4° Dans un cas comme dans l'autre, ces forces sont transmises par l'intermédiaire de l'éther. Ainsi les mêmes forces, les mêmes rapports et les mêmes résultats existent dans les transmissions de mouvement du radiomètre et des astres. L'Académie ne veut que voiler ces faits comme tant d'autres.

Il importe de remarquer que, quand deux ou plusieurs soleils ou autres astres sont en présence, s'ils ont assez de différence de température pour modifier réciproquement leur surface, ils s'imprimeront nécessairement des mouvements de rotation, aussi bien par la chaleur que par le froid qu'ils se transmettent. Si un astre émet de la chaleur, c'est le côté le plus froid de l'astre voisin qui se tournera vers lui. S'il en absorbe, c'est le contraire, puisque ce sont les différences qui tendent à se rapprocher; et, à mesure que cette différence s'égalisera, ce côté sera repoussé pour faire place au côté le plus différent; ce qui détermine le mouvement de rotation. Pour qu'un soleil tourne, il suffit donc qu'il ne soit pas au centre de sa nébuleuse ou qu'il en reçoive plus de force d'un côté que de l'autre. Il en est de même pour une nébuleuse. Quant à la puissance de la rotation des astres, nous remarquons qu'elle dépend moins de la proximité du soleil, que des différences d'actions qui se développent sur leurs faces opposées.

Si la lune ne tourne pas par rapport à la terre, c'est parce quelle est retenue par une action plus puissante dont voici la cause : à chaque révolution autour de la terre, la lune reçoit sur sa face *extérieure*, pendant qu'elle passe du côté du soleil, une chaleur qui est d'environ un centième plus forte que celle qu'elle reçoit sur sa face *intérieure* pendant qu'elle passe loin du soleil. Ces différences indéfiniment répétées font que la surface *extérieure* de la lune est moins dense que celle *intérieure*; et que, par conséquent, elle se maintiendra toujours du côté le moins dense de l'atmosphère terrestre, tandis que la partie la plus dense de la lune tombe ou mieux se tourne nécessairement du côté de la terre, où la maintient sa plus grande densité. Quant à la rotation qui pourrait se produire autour de l'axe dirigé vers la terre elle est également impossible, parce que l'action rotative exercée pendant qu'elle va du premier quartier à la pleine lune est contraire à celle exercée dans l'autre moitié de son orbite. Ce qui ne permet que la production d'une très-légère oscillation.

§ 11. **Cause de la translation des astres secondaires.** — Lorsque des nébuleuses stellaires s'impriment un mouvement de rotation, on voit que ce sont les étoiles extérieures qui tournent avec le plus de rapidité. Il n'en est pas de même pour les systèmes solaires et planétaires; ce sont les astres les plus rapprochés de l'astre central qui tournent avec le plus de rapidité, ce qui montre que c'est de lui qu'ils reçoivent le mouvement et c'est lui en conséquence qui fait sa révolution avec le plus de rapidité. En effet, les vitesses de vibration du milieu partant du bord qui s'approche par rotation sont augmentées de cette vitesse de rotation, celles partant du bord qui fuit, sont au contraire diminuées d'une égale quantité et il en résulte les composantes et résultantes de forces translatives que montrent nos figures 1 et 2.

En figurant, à partir du centre de la planète, par une flèche ou ligne quantitative, l'excès de répulsion dans la direction opposée au bord solaire qui la produit, en indiquant par une flèche égale, à partir du même centre de planète, la moindre répulsion dans la direction du bord solaire qui la produit, nous voyons que la résultante de ces différences d'action est une force de projection tangentielle de la planète dans le même sens que celui de la rotation solaire qui la détermine. La planète, poussée selon cette force tangentielle, a pour réaction la nécessité pour sa densité de retomber dans la zone concentrique au soleil, où elle doit trouver son point d'équilibre dans l'atmosphère solaire. Lorsque l'orbite prend une forme excentrique, c'est par suite d'une force indépendante de celle dont nous nous occupons ici et que nous examinerons plus loin.

La vitesse de transmission des vibrations éthérées étant de 300 000 kilomètres par seconde, la différence produite par la rotation du soleil, qui s'opère en vingt-cinq jours et demi, serait de 1/75000 (4,000 mètres environ par seconde) entre les vitesses d'action exercées selon les deux tangentes équatoriales du soleil. La force de translation des planètes répond ainsi à une force parfaitement définie. Mais nous avons une confirmation bien plus complète encore de la force de translation : c'est qu'elle rend compte, avec la plus complète exactitude, et dans chaque système, des vitesses décroissantes de translation selon l'éloignement.

Pour établir la loi des forces translatives, prenons les conditions simples de la figure 2, ci-dessous.

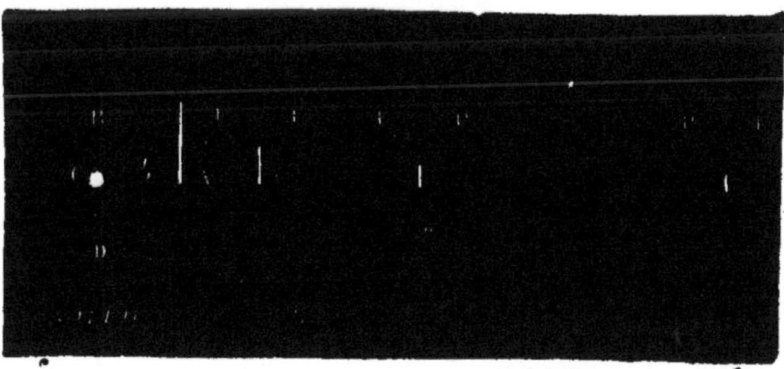

Fig. 2. Translation des planètes.

Le soleil, dont le centre est en C et l'équateur en A R D, représente, par son rayon, l'unité de distance à laquelle se produit la force tangentielle de rotation, et par les différences de force tangentielle R et D, l'unité de force qui régit les différentes planètes figurées aux distances 2, 4, 8. Si telle est bien la force de translation qui emporte les planètes dans leur orbite, toutes les vitesses des planètes, quelle que soit leur distance, doivent être rigoureusement en rapport, et selon les densités, avec la force de translation résultante à telle ou telle distance, et c'est le rayon solaire à l'extrémité duquel se produit cette force qui représentera *l'unité de force et l'unité de distance* à partir de laquelle devront croître ou décroître toutes les progressions constatées. Il en est, en effet, ainsi dans chaque système solaire ou planétaire, ce qui donne une confirmation absolue.

Pour déterminer les forces relatives qui régissent chaque planète, nous remarquerons que les composantes de forces tangentielles solaires appliquées au centre de gravité de chaque planète doivent garder la même valeur linéaire, puisque la vitesse des vibrations ne change pas selon le plus ou moins d'éloignement solaire. Ces composantes obliques, appliquées à chaque planète, nous donnent des résultantes de forces *inversement proportionnelles aux distances solaires*, ainsi que le montre la construction graphique, et on peut les calculer simplement en divisant l'unité d'action par la distance du corps ou de la planète sur laquelle elle agit. Mais cette décroissance de force n'est pas la seule dont nous ayons à tenir compte, il faut encore tenir compte de la décroissance de densité des corps sur lesquels ces résultantes sont appliquées et qui sont aussi *inverses des distances*, et enfin de la décroissance du rayonnement calorique, qui est *inverse du carré des distances*. Or les forces *inverses des distances*, agissant sur des densités *inverses des distances*, se compensent exactement, puisqu'une force 1 a autant d'action sur une résistance 1 qu'une force 2 sur une résistance 2. Il reste donc pour décroissance non compensée la force *inverse du carré des distances* qui résulte de la combinaison d'action des deux atmosphères opposées de densité *inverse des distances*.

Pour vérifier l'exactitude de ces forces, il suffit de recourir aux données astronomiques. En calculant le carré des vitesses de chaque planète, on trouve que ces carrés ou vitesses V^2 sont exactement proportionnels à l'inverse des distances solaires. Or, pour que la somme de force vive $M V^2$ employée par chaque planète dans son mouvement de translation soit égale à la force développée qui reste inverse du carré des distances après compensation, il faut en effet que la masse M ou densité de chaque planète soit *inverse des distances* pour que le produit MV^2 soit *inverse* DU CARRÉ *des distances* et rigoureusement égal à la force développée à chacune des distances.

Les vitesses de translations en raison inverse de la racine carrée de la distance de chaque planète au soleil, résultent exactement des composantes de forces selon les distances, ce qui prouve en effet que la force est exercée par cet astre, et ce qui le prouve mieux encore, c'est que toutes les lois constatées répondent à ces conditions physiques et qu'il est impossible d'en sortir, sans sortir des lois sidérales.

Les forces translatives dont l'action est mathématique, irrécusable, sont aussi corroborées par l'expérience. Une disque mobile tourne par l'effet de la rotation d'un autre corps qui projette les éléments de l'air dans le sens de sa rotation; si l'on interpose un verre entre ces deux corps, la rotation n'est plus transmise, parce que le verre intercepte, non-seulement les mouvements de l'air, mais ceux de la chaleur et il ne reste que les vibrations lumineuses qui, n'ayant pas suffisamment, comme dans le radiomètre, l'échelle progressive des atmosphères pour se transformer, sont impuissantes à transmettre le mouvement. Mais si, comme Arago ou le Dr Rollande, on emploie des corps magnétiques ou électriques, qui possèdent des atmosphères suffisantes et, en outre, la similitude de vibration qui accroît la transmission, alors la rotation par influence devient possible.

Nos résultantes de forces tangentielles ou centrifuges sont égales à V^2 ou inversement proportionnelles aux distances et en les multipliant par la décroissance d'atmosphère qui repousse dans une même proportion, on a pour répulsion centrifuge totale $V^2 \times V^2 = V^{2^2}$. Nous avons ainsi l'expression de la force centrifuge tirée directement des conditions physiques et qui donne les mêmes résultats que l'expression empirique V^2/r employée par l'école newtonienne. On a donc :

D'une part,	$1.41^2 \times 2 = 4$	$1^2 \times 1 = 1$	$0.707^2 \times 0.5 = 0.25$, etc.
D'autre part.	$1.41^2 / 0.5 = 4$	$1^2 / 1 = 1$	$0.707^2 / 2 = 0.25$, etc.

Ainsi l'école newtonienne, après avoir appelé « attraction par *un point* central » la nécessité pour une planète de suivre sa zone d'équilibre concentrique, indique encore la force centrifuge par une formule empirique qui n'exprime pas les causes réelles de cet équilibre.

Remarquons encore que les conditions d'équilibre newtonien entre deux forces centrifuge et attractive qui varient l'une et l'autre selon la même proportion, ne peuvent donner que des équilibres *indifférents* et *instables*, qui ne motiveraient en aucune façon les courbures changeantes que suivent les astres! Avec ces deux forces toujours égales, un astre ne pourrait absolument que suivre une première déviation acquise, puisqu'elles ne peuvent pas plus prédominer l'une que l'autre pour modifier cette direction. Tandis qu'avec les atmosphères décroissantes, un astre qui s'approche plus près que son équilibre est de plus en plus repoussé; s'il s'éloigne plus loin, il tend de plus en plus à retomber, à se rapprocher, ce qui donne un équilibre stable.

Ci-joint le tableau des forces physiques appliqué au système solaire; il est aussi appliqué à divers systèmes planétaires dans les éditions précédentes.

En conséquence, pour montrer le mécanisme rationnel des forces et vitesses applicables à chaque système, nous posons des distances facultatives, mais simples, pour plus de facilité; nous calculons les résultantes inversement proportionnelles

Calcul des actions tangentielles

Distances .... (a)	0,5	1
Résultantes de l'unité d'action... (b)	$\frac{1}{0,5} = 2$	$\frac{1}{1} = 1$
Racines ou vitesses............ (c)	$\sqrt{2} = 1,41$	$\sqrt{1} = 1$
2e puissance. — .... (d)	$2^2 = 4$	$1^2 = 1$
Force centrifuge $\frac{V^2}{r}$............ (e)	$\frac{1,41^2}{0,5} = 4$	$\frac{1^2}{1} = 1$

Calcul des mêmes forces physiques et les vitesses planétaires, ce qui démontre

INDICATIONS.	AU RAYON SOLAIRE.	MERCURE.	VÉNUS.
Distance au soleil............. (a)	(1) 0,00437	0,3871	0,72333
Résultantes d'actions.......... (b)	228,833	2,5835	1,3825
Racines ou vitesses............ (c)	15,127	1,6062	1,1757
2e puissance. — .... (d)	52 364,45	6,671	1,9113
Force centrifuge $\frac{V^2}{r}$ .... (e)	52 364,53 (2)	6,672	1,9113
Force tangentielle reçue........ (f)	228,833	=	=
Force tangentielle transmise.... (g)	228,829		
Force tang. absorbée en transform. (h)	0,00394	0	0

Vérification des résultats précédents par les

NOTA. — Les puissances d'action et de force centrifuge que ne comportent pas

Temps de chaque révolution.......	25 j. 5	87,97079	224,70078
Distances au soleil............. (a)	0,00437	0,3871	0,72333
Vitesses de translation......... (c)	0,0627	1,6062	1,1757
Carré des vitesses.......... (b et h)	0,00394	2,5833	1,3825

(1) Cette colonne indique les forces et vitesses qu'aurait la rotation du

(2) Les résultats seront d'autant plus rigoureusement égaux que l'on

aux distances; les vitesses s'obtiennent en prenant les racines des résultantes; les puissances en multipliant les résultantes par le carré des vitesses ou par elles-mêmes, puisque la force des vibrations est inversement proportionnelle au carré des distances, et nous avons ainsi le tableau des forces de translation tirées directement des forces et conditions physiques et qui s'applique rigoureusement à chaque système.

donnant la loi des actions sidérales.

2	4	8
$\frac{1}{2} = 0,5$	$\frac{1}{4} = 0,25$	$\frac{1}{8} = 0,125$
$\sqrt{0,5} = 0,707$	$\sqrt{0,25} = 0,5$	$\sqrt{0,125} = 0,354$
$0,5^2 = 0,25$	$0,25 = 0,0625$	$0,125^2 = 0,0156$
$\frac{0,707^2}{2} = 0,25$	$\frac{0,5^2}{4} = 0,0625$	$\frac{0,354^2}{8} = 0,0156$

donnant exactement toutes les forces

la cause de ces actions d'une manière absolue.

LA TERRE.	MARS.	JUPITER.	SATURNE.	URANUS.	NEPTUNE.
1	1,52369	5,20277	9,53885	19,1824	30,037
1	0,6563	0,19412	0,10483	0,05313	0,0333
1	0,8101	0,4387	0,324	0,2283	0,1824
1	0,4307	0,0376	0,1098	0,0028	0,0011
1	0,4307	0,0373	0,1098	0,0028	0,0011
=	=	=	=	=	=
0	0	0	0	0	0

documents astronomiques calculés selon l'usage.

ces données se trouvent vérifiées réciproquement dans les calculs qui précèdent.

365,25637	686,97964	4 332,5848	10 759,2198	30 686,8205	6 0127 j.
1	1,52369	5,20277	9,53885	19,1824	30,037
1 orbite	0,8101	0,4387	0,324	0,2283	0,1824
1	0,6563	0,19412	0,10483	0,05313	0,0333

soleil si elle ne transmettait pas son mouvement à tout le système.

aura employé un plus grand nombre de décimales.

§ 12. Causes d'excentricité des orbites et des précession des équinoxes. — Toutes les expériences de Hooke et d'autres pour réaliser une orbite excentrique au moyen de la force centrifuge opposée à un centre d'attraction furent vaines; ils ne purent obtenir qu'une ellipse *autour d'un centre* et non d'un foyer, parce qu'en effet nul corps ne peut osciller que par rapport à son point d'équilibre. Mais comme la planète possède ce point d'équilibre de densité dans l'atmosphère solaire à la distance du 1/2 petit axe de son orbite, elle peut en effet osciller tant en dessus qu'en dessous de cette zone, en même temps qu'elle est transportée dans l'orbite; ce qui donne l'excentricité que nous pouvons expérimenter même dans notre atmosphère.

Ainsi, tout corps tenu en suspension dans notre atmosphère décrit une orbite excentrique dans les vingt-quatre heures, par cela seul qu'étant chauffé et dilaté pendant le jour, il s'élève davantage, et que, refroidi et condensé pendant la nuit, il s'abaisse en même temps qu'il est emporté par la rotation de la terre. Il décrit donc une orbite excentrique autour de l'axe de la terre, en raison d'une modification calorique parfaitement constatée, tandis que, si l'état calorique n'avait pas changé, l'orbite serait restée circulaire. Le ballon qui prend un niveau plus ou moins élevé, selon qu'on chauffe plus ou moins son gaz ou qu'il serait plus ou moins échauffé par le soleil, nous montre le même résultat d'une manière complétement expérimentale.

Les effets sidéraux ne sont pas moins démonstratifs que ceux de l'expérience directe. La comète, très-sensible aux fluctuations caloriques, prend beaucoup d'excentricité. Lorsque la chaleur solaire l'a puissamment dissoute et dilatée en lui ôtant de sa densité, elle est rejetée, entraînée très-loin dans l'atmosphère solaire; puis, après s'être condensée dans l'éloignement, elle retombe près du soleil. La planète, en raison de sa croûte solide, subit peu ces fluctuations momentanées de la chaleur. Mais nous savons que par son action superficielle l'hémisphère sud, en raison de sa grande étendue de mers et de son pôle glacial très-développé, est en somme moins repoussé que l'hémisphère nord. Conséquemment, pendant que l'hémisphère austral se trouve le plus tourné vers le soleil, dont il répercute moins bien les vibrations, la terre se rapproche de 1/30e plus près du soleil que lorsqu'il éclaire principalement le pôle boréal, ce qui détermine la principale cause de l'excentricité de l'orbite terrestre, et en effet l'excentricité coïncide toujours avec cette situation des pôles.

L'orbite résulte donc de deux forces : l'une de translation, qui tend à donner la forme circulaire et que nous appelons *composante circulaire* EO (fig. 3) autour du soleil S; l'autre, BA,

Densité décrois. 16 8 4 2

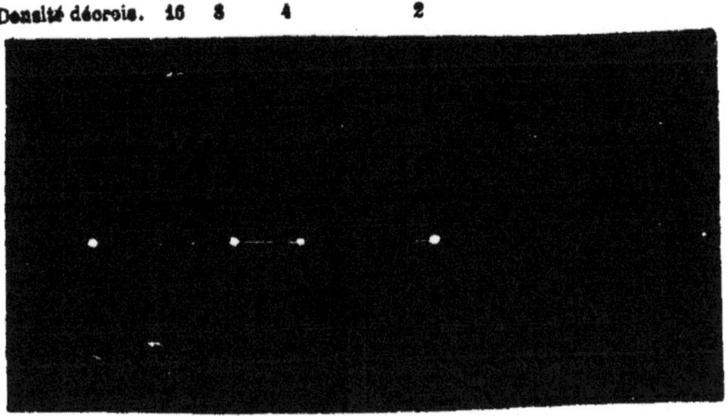

Fig. 3. Excentricité des orbites.

est la *composante d'oscillation* selon laquelle l'astre mû tend à osciller de part et d'autre de sa zone d'équilibre sur la composante circulaire EO. Lorsque les actions, selon ces deux composantes, s'exercent en même temps, il en résulte l'orbite excentrique. Comme un corps oscille toujours diamétralement par rapport à son point d'attache ou d'équilibre, et qu'ici la planète est en même temps soumise à un autre point d'attache qui est le soleil, relativement à la force centrifuge, il en résulte que l'oscillation tendra à se régler en même temps relativement à ces deux points d'attache, ce qui amènera l'oscillation de part et d'autre de l'équilibre sur le cercle EO à se produire dans le même temps que celle de part et d'autre du soleil, sauf que la planète est un peu plus repoussée après s'être échauffée au périhélie et retombe un peu plus après s'être refroidie à l'aphélie, ce qui donne la précession des équinoxes pour la terre, et, pour la lune, un mouvement analogue de son orbite, dit *révolution de la ligne des absides.*

Il est à remarquer que l'oscillation par rapport à la zone d'équilibre EO ne se produit pas dans un milieu de densité uniforme et que, par conséquent, les deux écarts de l'oscillation, à partir du point E, ne seront pas de même longueur, mais *équivalents en puissance*, laquelle est inverse du carré des distances pour les deux atmosphères inverses qui se pénètrent. Il s'en suit que la répulsion en dessous de EO est rigoureusement égale à la tendense de chute en dessus, ce qui produit une véritable oscillation. Mais qu'on le remarque bien, en parcourant son orbite, la planète ne s'est pas approchée davantage du soleil, car la distance SP=SB. L'action oscillatoire a donc agi pour pénétrer à travers les couches de plus en plus denses qui enveloppent *concentriquement le soleil* comme si elle n'avait pas subi en même temps le mouvement de translation.

Il suffit de la connaissance du périhélie et de l'aphélie d'un astre pour déterminer sa trajectoire entière, ainsi que les composantes de cette trajectoire. Nous renvoyons aux éditions précédentes pour ces calculs qui donnent des preuves précises de leurs relations. Comme la force translative tend seule à écarter l'astre dans le sens perpendiculaire à la force d'oscillation, elle arrive en effet à donner au petit axe de l'ellipse le diamètre précis de la translation circulaire. Et si la trajectoire elliptique est plus longue dans son parcours ACP que l'oscillation directe AB ne l'eût été seule, c'est parce qu'elle est la résultante des deux actions combinées.

L'école classique voulant faire croire que l'orbite excentrique est le résultat d'une prétendue attraction opposée à la force centrifuge, nous tenons à lui montrer encore ici l'impossibilité absolue de son système.

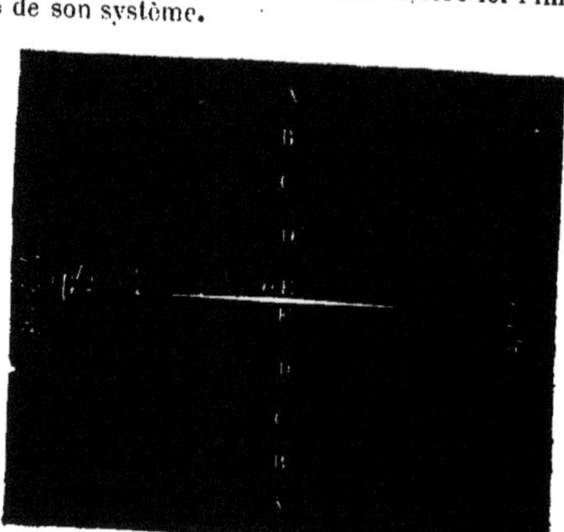

Fig. 4.

En prenant des orbites de plus en plus excentriques BB, CC, DD, EE, le foyer ou soleil passe en *b*, *c*, *d*, *e*. Or, lorsque la cause d'excentricité devient extrême, on voit que l'attraction ne pourrait que souder la planète au soleil et nullement la repousser à l'autre extrémité de son orbite où pourtant *elle retourne avec la même vitesse.* (Les aires sont égales en temps égaux). Donc elle est repoussée par les décroissances d'atmosphères, avec une force égale à celle qui la fait approcher; elle est d'autant plus repoussée qu'elle est plus près du soleil et retombe d'autant plus qu'elle est plus loin.

Il nous serait impossible d'indiquer ici tous les détours, toutes les ruses que l'on emploie pour étouffer mes découvertes avec mon nom, tout en s'appropriant celles qui peuvent se concilier avec les vieilles hypothèses. Bornons-nous à indiquer l'un des exemples de spoliation faite dans toutes les règles *de l'art.*

Chacun sait que l'Académie a toujours professé que les astres étaient mus par une seule attraction inverse du carré des distances, toujours équilibrée par une égale force centrifuge. Nous avons au contraire démontré et prouvé de plusieurs manières, que les planètes ne sont équilibrées de densité qu'à une distance égale au demi-petit axe de leur orbite et qu'elles peuvent osciller à tous les degrés d'une quantité telle que leur plus grande distance extérieure de cet équilibre, multipliée par sa moindre densité, équivaut rigoureusement à la moindre distance interne multipliée par sa plus grande densité. Or, lorsque nous avons démontré cela dans trois éditions, l'Académie le découvre aussi (t. 84, p. 671). M. Bertrand, pour *réduire* la découverte à une formule inexpliquée pour le public, indique à ses élèves les calculs plus rationnels qu'il faut substituer à ceux de Newton : ces calculs arrivent de toute part (p. 731, 760, 939, t. 85, p. 65). Et l'on attribue le mérite... à celui qui a fait la découverte? non, à ceux qui s'en emparent..... et pour mieux *prouver* et sauvegarder les apparences, l'Académie donne un prix au plus vigilant!...

§ 13. **Causes des translations directes et indirectes.** — Pour reconnaître le sens que doit prendre un mouvement de translation, il faut recourir aux deux composantes de force qui produisent ce mouvement (fig. 2 et 3). La composante circulaire agit dans un sens déterminé, qui est celui de la rotation de l'astre moteur. Au contraire, la composante d'oscillation qui, dans les comètes, est excessivement puissante, peut agir indifféremment dans tous les sens. S'il s'agit d'une planète qui, par sa masse, échappe presque entièrement aux mouvements oscillatoires, son mouvement est peu elliptique et inévitablement direct; s'il s'agit d'une comète à courte période, elle reste encore puissamment soumise à la translation directe. Mais la comète à longue période perd d'autant plus sa puissance de translation directe qu'elle gagne davantage en force d'oscillation. Une perturbation peut donc la précipiter dans une orbite rétrograde où sa marche n'est que ralentie par la force de translation directe et son orbite n'est pas moins fermée en vertu de l'atmosphère concentrique au soleil. En effet, la comète de Halley qui atteint une période de soixante-seize ans est la première que l'on voit avec une direction rétrograde. Ces ralentissements de marche inexpliqués ont troublé les calculs des astronomes.

§ 14. Direction de la rotation. — En regardant sur la planche 1 la direction des forces tangentielles de translation, on remarque sur la planète que l'excédant de répulsion se trouve à l'est du méridien et la dépression à l'ouest, ce qui dans l'éloignement à dû solliciter faiblement la rotation dans le sens direct. Au contraire, si l'on suppose la planète près du soleil ou s'en détachant, on voit que, dans ce cas, les résultantes de translation, fig. 2, étant beaucoup plus puissantes sur la face qui regarde le soleil que sur la face opposée, la planète aurait nécessairement pris un mouvement de rotation rétrograde, ce qui n'est pas. D'où nous concluons, encore pour cette cause, que les planètes ont commencé leur mouvement de rotation, alors qu'elles étaient très-éloignées du soleil et très-peu denses; que par conséquent elles se sont condensées et échauffées à mesure qu'elles s'approchent du soleil, ce qui est d'ailleurs une loi absolument certaine. Les planètes n'ont donc jamais présenté une masse incandescente, et ce n'est que près du soleil qu'elles pourraient le devenir.

§ 15. Cause de l'obliquité des axes de rotation et des orbites. — La planète étant plus repoussée à son équateur chaud que par ses pôles froids, il en résulte un équilibre inconstant qui laissera s'incliner vers le soleil le pôle le plus sollicité. Mais comme une faible action ne peut agir que lentement sur une forte masse, avant que ce pôle n'ait été échauffé assez pour être repoussé, la planète en parcourant son orbite arrive à présenter à son tour l'autre pôle au soleil ; ce qui fait que les deux pôles agissent tour à tour pour donner la même obliquité. Alors le renflement équatorial dévoyé de la direction solaire et agissant comme masse, détermine à son tour une tendance à se retourner vers le soleil, ce qui fait équilibre aux actions polaires et maintient la terre au degré d'obliquité où ces forces contraires se font équilibre.

Fig. 5.

De cette obliquité résulte une autre conséquence : En hiver la face sombre et froide de la nouvelle lune, au lieu de passer à l'équateur même, en E, fig. 6, tend à obliquer du côté de l'hémisphère terrestre le plus chaud (*le plus différent*). Au contraire, la pleine lune plus chaude tend à obliquer du côté de l'hémisphère. le plus froid, le plus différent de la terre. Six mois après, les effets sont inverses; mais tous concourent à donner la même obliquité. En conséquence, nous voyons la pleine lune passer au méridien très-haut en été, très-bas en hiver; ce qui répond parfaitement à notre loi. L'obliquité sur l'équateur est en moyenne égale à celle de l'inclinaison de l'axe de la terre sur l'écliptique, ce qui montre la rotation de ces deux obliquités.

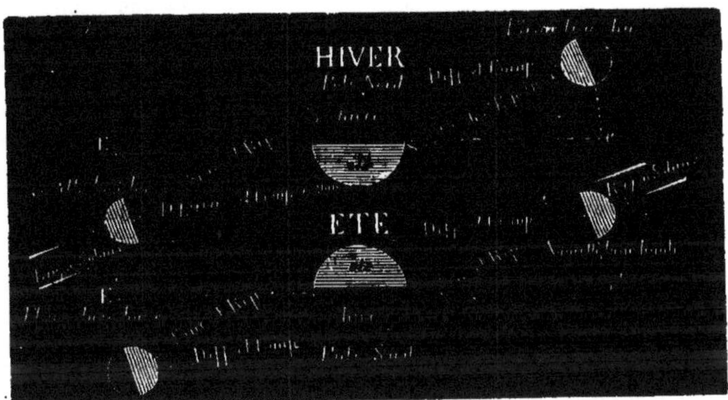

Fig. 6.

Lorsqu'il s'agit de l'action exercée sur les hémisphères d'une planète par rapport au soleil, elle est moins puissante que l'action réciproque de deux astres voisins; néanmoins on distingue facilement l'influence exercée sur les planètes les plus rapprochées du soleil ainsi que celle résultant des anneaux de Saturne.

§ 16. Transformations cométaires et mouvements qui en résultent. — Il faut véritablement que l'astronomie classique ait du courage pour oser affirmer, en présence des phénomènes cométaires, que l'attraction universelle est tout ce qu'il y a de mieux démontré. M. Faye, en considérant la contradiction flagrante que l'attraction rencontre dans les comètes, « ne peut s'empêcher » de trouver le principe newtonien insuffisant pour « *qu'il masque la vérité* à peu près comme une œillère que l'on met à un cheval lui masque *ce qu'on ne veut pas qu'il voie.* »

En conséquence pour mettre l'œillère à son semblable, M. Faye, cherche aussi son hypothèse fausse. Mais les faits qu'il invoque le démentent aussi nettement que la théorie de Newton qu'il veut secourir. Les voici :

« Nous voyons la matière des queues, dit-il, sortir du noyau « de la comète, se mouvoir *lentement vers* le soleil, puis, « *comme si* elle était saisie *à un certain point* par une répul-

« sion énergique, retourner en arrière et *fuir rapidement en*
« *sens inverse de l'attraction... Loin du soleil*, cette même
« matière que nous venons de voir fuir le soleil au périhélie,
« *s'arrangeait très-bien en couches concentriques autour du*
« *noyau de la comète*, obéissant ainsi aux simples allures de
« l'attraction. »

Ainsi l'action des atmosphères se montre dans une complète évidence. La matière de la comète, dissoute par le soleil, perd de sa densité et s'élève en conséquence dans l'atmosphère de la comète. Mais du côté du soleil elle ne peut le faire qu'en raison de la différence de décroissance de densité des deux atmosphères cométaire et solaire, c'est-à-dire « *lentement*. » Lorsque cette matière atteint la limite de la puissance de l'atmosphère cométaire, elle est déversée autour et marche ensuite en sens inverse du soleil avec *la somme* de décroissance de densité des deux atmosphères, c'est-à-dire très-vite : « *elle fuit rapidement en sens inverse de l'attraction*. » Puis « *loin du soleil* » cette matière se refroidit, se condense et retombe ou se rapproche de la comète, mais « *en s'arrangeant très-bien en couches concentriques et sphériques autour du noyau de la comète*, en cherchant son équilibre dans l'atmosphère qui entoure la comète. Rien ne saurait mieux nous montrer l'action des atmosphères, tandis que si l'on se demande : Est-ce de l'attraction ? Non, puisque la matière qui fuit agit dans le sens contraire ! Est-ce de la répulsion solaire seule dans un vide réel ? Non encore, puisque la matière qui s'approche agit inversement et s'arrange très-bien en couches concentriques.

Si nous prenons la comète dans son ensemble, nous voyons encore les mêmes résultats : plus cet astre, très-sensible aux rayons solaires, aura été réchauffé, dilaté au périhélie, plus il s'éloignera, et la queue plus légère, dans quelque position que prenne l'astre, se tourne toujours du côté opposé au soleil dans son atmosphère moins dense, comme une flamme terrestre qui s'élève aussi dans l'atmosphère. Puis au loin la comète, après s'être condensée par le froid, revient dans la zone plus dense de l'atmosphère solaire, toujours comme le corps qui se condense dans notre atmosphère et retombe vers la terre.

§ 17. Confirmations des décroissances de densité des milieux et des astres qui y sont équilibrés. — Dans toute force équilibrée, la résistance est égale à la force développée. Or nous avons vu, par les calculs astronomiques, que la force est égale à l'inverse du carré des distances, et nous savons aussi (voir § 11) que les carrés de vitesse V^2 des planètes sont inverses des distances ; donc, pour que la résistance MV^2 soit inverse du carré des distances, il faut que les densités ou masses M qu'il s'agit de mouvoir soient aussi inverses des simples distances pour que leur produit MV^2 donne les progressions de forces constatées inverses du carré des distances. En outre pour que les planètes de densité inverses des distances soient équilibrées par le milieu sidéral, il faut nécessairement qu'il présente la même décroissance de densité.

On sait par l'observation que pour deux planètes *différentes* éloignées du soleil, l'une de 4, l'autre de 1, les vitesses sont entre elles comme 1 est à 2, tandis que si l'on considère la loi des vitesses que prend une même planète dans son orbite, en développant son excentricité, on voit que si cette vitesse est 1 à son aphélie, elle serait 4 à son périhélie, si celui-ci était quatre fois moins éloigné. Ces différences de vitesse ne peuvent résulter que des différences de densité. En effet, en multipliant pour chaque cas les carrés de vitesse par les densités inverses des distances d'équilibre de chaque planète, on a les mêmes forces aux mêmes distances. Ainsi, lorsqu'une planète, par sa force d'oscillation, passe dans une autre milieu, elle en reçoit une vitesse, inversement proportionnelle à sa masse, ou la lui rend avec une même puissance, dans le même temps et avec la même valeur d'impulsion motrice. Donc la moyenne de la densité des planètes est égale à celle du milieu dans lequel elles peuvent recevoir ou transmettre des vitesses égales. L'équilibre est par conséquent le même que celui d'un ballon à enveloppe dense et chargé de monde et autres objets, et qui néanmoins se trouve parfaitement équilibré dans l'atmosphère transparente de la terre, grâce au fluide plus léger qu'il renferme.

Lorsque Newton supprime toute résistance de translation, il fait nécessairement la force impulsive égale à 0, puisque la puissance est toujours égale à la résistance ; et il se trouve en présence d'un astre qui, par sa composante d'oscillation, est lancé dans la direction du soleil, et qui s'arrête sans aucune résistance et malgré l'attraction, astre qui ensuite est lancé dans le sens opposé sans aucune force, etc., etc. ; tous les équivalents de force que nous venons d'examiner s'équilibrent avec *rien* dans notre merveilleux système classique, et ce n'est que le plus puissant des foyers, le soleil, qui n'aurait pas le droit de faire usage de sa chaleur!!!... Ce sont ces choses-là que l'on prend pour de la haute philosophie.

§ 18. **Causes des marées et des courants marins.** — La théorie classique élude sans scrupule les difficultés qu'elle éprouve à expliquer les phénomènes des marées en nous disant que l'attraction newtonienne en rend compte *avec une admirable précision.* Voici en quoi consiste cette admirable précision :

L'action ne se produit nullement en raison d'une prétendue attraction résultant de la présence d'un astre au méridien d'un lieu. Mais *trente-six heures après le passage de la lune au méridien ;* et pour mieux montrer que ce n'est pas l'attraction qui agit, l'effet se produit, d'autre part, *trois heures après le passage du soleil au même méridien !* ce qui donne des marées diurnes parfaitement constatées. De plus le rapport des prétendues forces attractives serait de 0,45 à 1 tandis que les forces sont de 0,33 à 1. En outre, comment admettre que le retard serait de *trois heures* pour l'action solaire et de *trente-six heures* pour l'action lunaire beaucoup plus rapprochée? Et triple impossibilité, la marée aurait démenti trois fois l'attraction en s'abaissant ou se relevant six fois avant de manifester l'effet de sa présence !!! Ainsi l'action ne correspond *ni au temps lunaire, ni au temps solaire, ni à la puissance, ni à la durée* d'une prétendue attraction. Telle est l'ADMIRABLE PRÉCISION !

Pour voir disparaître toutes ces contradictions, il suffit de remarquer que c'est trois heures après midi et après minuit, que les faces de la terre sont le plus échauffées ou le plus refroidies, et que, pour la lune, c'est trente-six heures après la pleine lune et après la nouvelle lune, que la face qui nous regarde est le plus échauffée ou le plus refroidie. Or, c'est pendant que ces astres se présentent leurs états caloriques *les plus différents*, que la mer étant moins repoussée se soulève au maximum pour chaque action. Ainsi pendant la pleine lune éclairée, c'est sur la face froide de la terre que la mer se soulève ; pendant la nouvelle lune, sombre et froide, c'est au contraire, la face éclairée de la terre qui donne les marées qui, pour ces causes, sont *diurnes*. Trente-six heures après les quadratures, les états caloriques étant le plus semblables, les marées sont minimum. Ces marées sont *diurnes* parce que la terre ne change qu'une fois par jour son état calorique en face de la lune ou du soleil, et sont parfaitement constatées par les documents du dépôt de la marine, elles combinent leur action avec les marées *semi-diurnes* dont voici les causes : Lorsque la terre marche dans son orbite avec une vitesse de 30,400 mètres environ par seconde, elle détermine par rapport au soleil une répulsion équivalente à la projection tangentielle ou centrifuge. Mais en même temps la terre tourne sur elle-même avec une vitesse de 462 mètres par seconde. Cette force centrifuge, qui est constante pour le centre de la terre, ne l'est pas pour les autres points. A minuit, la surface de la terre marche par rapport au soleil avec une vitesse de 30,400 + 462 = 30,862 mètres ; cet excédant de force centrifuge tend donc à éloigner davantage les molécules liquides de la surface terrestre; à midi, le mouvement de rotation de sa surface est inverse par rapport au soleil; la projection tangentielle relative au soleil sera donc de 30,400 — 462 = 29,938 mètres. A ce moment les molécules liquides, étant projetées moins vivement par rapport au soleil, tendront à s'en rapprocher. Ces différences d'action, *étant relatives*, sont encore plus puissantes par rapport à la lune, en raison de son rapprochement; elles concourent donc à donner deux intumescences opposées d'autant plus puissantes qu'elles sont proportionnelles à la densité des fluides en mouvement. Eh bien, ce sont ces effets de force centrifuge parfaitement déterminés, absolument certains, que l'on dissimule encore pour les faire servir à *démontrer l'attraction!*

Ce principe justifié de toute part et exposé au Congrès des sciences géographiques, au palais des Tuileries en 1875, devant une assemblée de savants réunis de chaque nation, y fut encore justifié par les rapports des ingénieurs, conservés au dépôt de la marine et lu par l'un d'eux, M. Hérault. Mon exposé fut admis à l'*unanimité* pour faire un sujet de séance publique. Les académiciens et l'amiral rapporteur, qui même avait confirmé ces résultats, n'osèrent faire aucune objection en public. Mais ils agirent dans l'ombre, et, ce qui est incroyable, toutes mes communications ainsi que les documents du ministère de la marine qui les confirmaient, furent d'abord éludés en séance publique, puis écartés de la publication des travaux du Congrès parce que l'hypothèse de l'attraction est impuissante à en rendre compte! Ainsi, jusqu'aux phénomènes les plus utiles et les plus inoffensifs sont soumis, sans nécessité, aux théories fausses, aux formules inexactes qui, à l'École polytechnique comme ailleurs, accablent le travailleur et paralysent ses recherches. Médecins, mécaniciens, physiciens, ingénieurs, chimistes et travailleurs de toutes sortes, sont aveuglés, entravés par l'ignorance effrayée qui *pense* que cela est nécessaire!... et impose ses tristes vues.

Il faut maintenant remarquer que ces soulèvements de la mer, par une modification de force centrifuge, agrandissent à l'équateur le rayon r de la force centrifuge MV^2/r qui agit sur les mers, et par conséquent la vitesse tend à diminuer proportionnellement à l'augmentation de ce diviseur r. Il en résulte, en effet, des courants relativement rétrogrades des mers à l'équateur, et en combinant cette force avec les actions caloriques qui se produisent : 1° par une action rotative (fig. 1) moins puissante sur la mer, dont les différences de température diurnes sont moins grandes que sur les continents; 2° par les différences de températures équatoriales et polaires, on obtient l[illegible] résultat général des courants marins que régissent aussi les c[illegible]tes. Il est bien certain que les différences de densités polaires et équatoriales que l'on invoque seraient absolument insuffisantes pour expliquer la vitesse des courants, telle que celle du Gulfstream, qui est celle d'un fleuve rapide.

§ 19. **Constitution de la matière à l'état gazeux.** — Maintenant que nous avons développé et justifié notre loi sous toutes les formes, par les résultats les plus à notre portée comme par les mouvements universels de la matière et des astres, nous pouvons aborder hardiment les phénomènes invisibles de la constitution de la matière qui, d'ailleurs, trouveront aussi leurs confirmations expérimentales. Nous avons vu que les gaz, comme les astres, sont constitués par les molécules ou éléments les plus denses entourés de leur atmosphère moins dense de décroissance indéfinie. Du moment où c'est avec le même mode de vibration et à égalité de surface que les molécules se repoussent le mieux, elles se disposeront nécessairement de manière à remplir ces conditions, puisque la plus grande répulsion l'emporte nécessairement sur les plus faibles. Et, comme les matières différentes des noyaux moléculaires répercutent différemment leur atmosphère, cet équilibre *les a obligés à admettre une quantité de matière telle que le même mode de vibration de leur atmosphère ait lieu à un même rayon sphérique donnant la même surface d'action.* Les parties comprises entre ces zones sphériques se trouvent aussi dans les meilleures conditions de similitudes pour se transmettre le mouvement. Cette nécessité inévitable des lois de la matière nous révèle en même temps la cause de *l'égalité de volume des gaz* et celle des *équivalents chimiques;* causes qui sont autant d'énigmes pour la science.

§ 20. **Cause de l'état liquide.** — Les noyaux moléculaires ou équivalents chimiques étant différents, les atmosphères qui sont de même densité à la distance de l'équilibre gazeux, ne le sont plus en approchant de ces noyaux différents. Par conséquent, lorsque le milieu perd de sa force, les atmosphères, en se comprimant ne pouvant plus se transmettre, toute leur force avec des atmosphères différentes, se précipitent subitement les unes vers les autres; mais non pas au contact puisqu'elles retrouvent un autre équilibre à l'état liquide; il faut donc que les atmosphères se modifient inversement en approchant du contact. En effet, une grosse molécule, l'oxygène par exemple, réfléchit mieux l'élément éthéré qui choque sa surface et s'en éloigne; l'hydrogène moins gros répercute moins l'élément éthéré qui s'en éloigne moins; il y a donc plus de densité à la surface de l'hydrogène qu'à celle de l'oxygène, et, en effet, au contact c'est l'oxygène qui donne les effets négatifs et l'hydrogène les effets positifs. Mais si l'on considère les éléments éthérés à certaine distance de la grosse molécule, ils éprouvent un manque de réaction sur une plus grande partie de leur périmètre et se condensent davantage. Au contraire, à certaine distance de la petite molécule, ils n'éprouvent ce manque de réaction que relativement à une petite surface et se condensent moins. Les atmosphères sont donc de densité inverse à certaine distance et au contact, d'où il résulte que ces atmosphères rencontrent un point de densité semblable en se croisant à très-petite distance des molécules. C'est donc à ces petites distances, au point où les vibrations se trouvent semblables sur tout leur périmètre, que l'oxygène et l'hydrogène (HO) se maintiennent en équilibre pour former l'état liquide. Si l'eau est un peu moins volumineuse à l'état liquide, cela paraît tenir à ce que, grâce à leur liberté de mouvement, les molécules s'emboîtent mieux. Si les éléments du liquide sont moins différents, il perd de sa fixité et même, s'ils sont assez semblables, le corps peut passer directement de l'état solide à l'état gazeux sans se fixer à l'état liquide.

§ 21. **Causes de l'état solide.** — Si l'équilibre liquide est troublé par une perte de force, ne pouvant plus s'équilibrer par les similitudes de vibrations en se condensant, il se solidifie en laissant les molécules s'arranger selon leur moindre répulsion, ce qui les rend solides en leur ôtant la liberté de se déplacer les unes relativement aux autres. La solidité des corps montre ainsi que les molécules sont complexes, puisqu'elles s'unissent de préférence, selon leur plus grandes différences. La cristallisation a lieu entre des molécules semblables, mais qui, étant composées chacune de deux ou plusieurs sortes d'éléments différents déjà réunis, s'orientent entre elles comme des aimants, ce qui donne également pour résultat l'alternation des matières différentes.

§ 22. **Cause des états acides et basiques.** — Le corps acide est celui qui a la moindre densité d'atmosphère *près de sa surface*, et la base celui qui l'a plus dense, et nous venons de voir que les atmosphères à l'état liquide sont ordinairement de densité inverse de celles à l'état gazeux. Par cela même que les bases et les acides sont différents, ils auront une tendance à s'unir. Mais, comme les corps très-différents ne peuvent pas demeurer librement dans un milieu sans s'unir au corps qui présente les vibrations les plus différentes, il en résulte que les *acides* sont composés d'un radical négatif à courte et faible longueur d'onde incomplétement neutralisé par l'hydrogène, qui est le plus électro-positif des métalloïdes. De sorte qu'en somme le corps est toujours négatif. La *base*, au contraire, résulte, en général, d'un métal ayant, au contact, une atmosphère puissante incomplétement neutralisée par l'oxygène, qui est le plus électro-négatif des métalloïdes; par conséquent, la base, en somme, reste encore positive. Et ce sont ces corps, *bases* et *acides*, qui jouent un très-grand rôle dans la nature, tant par leurs différences que par leur complexité, qui permet souvent les doubles décompositions et réactions.

§ 23. **Éclaircissements chimiques.** — La tendance des corps différents à s'unir est si manifeste, que Berzélius avait cru pouvoir en faire un système exclusif sous le nom de *dualité*.

Deux corps suffisamment différents peuvent former de grandes masses de matières en s'alternant. Mais si leur tendance à s'unir est faible ou déjà en partie satisfaite, il n'en sera pas toujours de même; les deux premières molécules différentes s'uniront avec toute la force qui les sollicite; une troisième molécule, semblable à l'une des deux premières, ne tendra plus à s'unir qu'avec l'une d'elles, celle qui est différente, et sera repoussée par l'autre semblable; il y aura donc une moindre tendance d'union. Et, à mesure que de nouvelles molécules semblables s'uniront à ce groupe, elles seront de moins en moins sollicitées à s'unir; il arrive que de nouvelles molécules semblables éprouvent autant de répulsion de leurs pareilles que de tendance à s'unir à celles qui diffèrent. Et cette agglomération, ne pouvant plus admettre de molécules semblables à celles qu'elle contient déjà, est *saturée*.

Si ce groupe est libre de s'adjoindre autant d'éléments différents qu'il le pourra, il s'adjoindra toujours de préférence celui qui diffère le plus de sa nature, soit jusqu'à concurrence des éléments qui le composent et qui déterminent les types, c'est-à-dire jusqu'à ce que l'ensemble des éléments qui se succèdent offre plus de répulsion pour tout autre élément dense à peu près semblable, que de tendance à s'entourer du milieu fluide dont il se fait une atmosphère plus différente; tant que l'état calorique reste le même, ce corps a, comme on dit, satisfait son *atomicité*.

Alors, s'il se présente une nouvelle molécule, elle ne pourra être admise dans ce corps que si elle rencontre une autre molécule qui remplisse moins bien qu'elle les conditions d'équilibre; dans ce cas, elle peut la déplacer par son excédant de tendance à s'unir pour prendre sa place, et nous avons ce qu'on appelle la *substitution moléculaire*.

Par exemple, si l'on met un morceau de potassium K, sur de l'eau HO, dont chacun des éléments peut se dédoubler, l'un des éléments de H est remplacé par K *plus différent;* mais si une seconde molécule K, se présente pour remplacer la seconde partie de H, elle est repoussée par sa *pareille* K, et il en résulte la potasse caustique.

Depuis longtemps, la science sait que les éléments des corps se combinent en raison de leurs différences et selon des quantités de matières connues sous le nom d'équivalents. Mais notre philosophie qui a toujours eu peur de ce qui peut être utile à la science, a jugé PRUDENT, car elle ne sait pourquoi, de brouiller la science en faisant croire que les molécules semblables s'unissent, que les équivalents sont des *atomes* et d'appeler leur union du nom inexplicite *d'atomicité*. Aussitôt la publication d'un vaste dictionnaire encyclopédique de chimie fut organisé sur ce plan, sous la direction de M. Wurtz, qui s'exprime ainsi pages 452, LXXV, XCIV. « La propriété des atomes de pouvoir attirer et fixer des atomes de *même espèce* n'apparaît *dans aucun cas avec plus de clarté* et ne présente plus d'importance que pour les atomes de carbone. Ces atomes *peuvent se souder, épuisant ainsi sur eux-mêmes une partie des atomicités qui y résident*. Tels sont des carbures de la série $C^{n}H^{2n+2}$: gaz des marais et hydrures d'éthyle, de propyle, de butyle, d'amyle, etc.,

```
 H      HH      HHH      HHHH
HCH,   HCCH,   HCCCH,   HCCCCH,
 H      HH      HHH      HHHH
```

etc. Puis, dit-il, l'union des deux éléments semblables du chlore, de l'oxygène ou de l'hydrogène sont inexplicables sans cela. » Or, il suffit de souffler sur ces faussetés pour les faire disparaître. Si M. Wurtz veut bien se donner la peine de faire cette demi-bascule à ses formules :

$${}^{H}_{H}C^{H}_{H},\quad {}^{H}_{H}C^{H}_{H}C^{H}_{H},\quad {}^{H}_{H}C^{H}_{H}C^{H}_{H}C^{H}_{H},\quad {}^{H}_{H}C^{H}_{H}C^{H}_{H}C^{H}_{H}C^{H}_{H},$$

il verra :

1° le même mode de liaison entre les molécules différentes ;

2° que ce mode est justement celui indiqué par l'expérience.

Et si M. Wurtz, veut bien considérer chacun des deux éléments de l'oxygène comme étant, selon la règle, formés de *deux groupes différents* ⬭●, il verra encore l'oxygène formé par *différence* ⬭●/●⬭, toujours selon la règle. Bien plus, on ne voit goutte à l'exception que forme l'ozone en se combinant sous 1/3 moins de molécules et en perdant de la chaleur au lieu d'en donner. Eh bien, admettez trois de ces éléments ● ⬭ en triangle et vous aurez l'ozone inexpliqué, qui donnera moins de chaleur ou de densité d'atmosphère, à cause de sa forme aplatie et du vide triangulaire de cette molécule. L'action par différence donne ainsi parfaitement O, O^{2} et O^{3}. Ces Messieurs ne font donc que se mettre, à eux-mêmes comme aux autres, un bandeau sur les yeux.

L'Académie, frappée d'un retour de raison, à voulu réinstaller *l'équivalent* à la place de *l'atomicité* (C. R., t. 84). Mais

M. Wurtz, qui vient de faire un ouvrage de 40 volumes, l'œuvre capitale de sa vie, avec cette *atomicité*, ne peut l'abandonner et la défend avec acharnement par de mauvaises interprétations. Comme notre *principe* rectifie la généralité de la science, c'est donc la plupart des savants qu'il trouve devant lui ! et les philosophes dont il rectifie les grossières erreurs... Faut-il reculer pour cela ? — Non.

§ 24. **Causes de l'explosion des corps.** — Si nous voyons souvent sauter, anéantir les magasins, les hommes, les poudrières, les fabriques, comment notre philosophie qui force l'homme à travailler en aveugle, ne sent-elle pas ses responsabilités effroyables et sur mille sujets. M. Berthelot, t. 82, p. 273, montre que dans les explosions, les combinaisons augmentent seules la chaleur et, par conséquent, la tension et la force. MM. Nobel, en Suède, Abel, en Angleterre, et d'autres, montrent le contraire et la science demeure dans le plus grand *imbroglio*. Mais notre loi nous permettant d'étudier les molécules invisibles comme les corps palpables, examinons les faits.

En comparant les cotons poudre C^{24} H^{18} O^{18} 5 NO^{5} et C^{12} H^{7} O^{7} 3 NO^{5} on voit par la composition, que le premier qui contient *plus d'éléments différents* H^{18} O^{18} est moins explosible, donne plus de combinaisons et de chaleur ; mais moins de force expansive. Le second qui a moins d'éléments différents H^{7} O^{7} est plus explosible, donne moins de chaleur ; mais plus de force explosive, tels sont, en effet, les résultats d'expérience. Dans la nitroglycérine, ces dernières qualités sont encore plus accentuées. On l'obtient par un mélange de glycérine, d'acide nitrique et d'acide sulfurique. Comme les corps les plus différents se combinent d'abord et dégagent beaucoup de chaleur, on jette le tout dans l'eau, ces combinaisons se déposent au fond comme acide plus dense, puis les éléments plus semblables ou moins différents qui restent, se déposent par dessus ; c'est la nitroglycérine. Or, ces éléments plus semblables, en faisant explosion s'entourent d'atmosphères plus semblables qui se repoussent d'autant plus et donnent des forces prodigieuses. Mais il y a d'autant moins de combinaisons et de chaleur développée !...

Permettez donc à notre loi de vous éclairer. Les corps explosifs qui se combinent le plus, donnent moins d'expansions répulsive ; mais aussi plus de densité d'atmosphère et de tension en vase clos, comme le dit M. Berthelot. Ceux qui se combinent le moins donnent, au contraire, plus d'expansion subite, mais une moindre densité d'atmosphère qui s'échappe mieux par les parois des vases et justifie les expériences de MM. Abel et Nobel. Les différents sont ainsi expliqués et justifiés.

Quant aux apparents caprices inexplicables des explosions,

voici encore le mot de notre loi : si le mode de vibration de l'amorce n'a aucun rapport avec ceux du mélange explosif, il ne fait pas explosion. S'il est de nature à dégager des éléments de carbone, il s'enflamme simplement, de manière à brûler avec l'oxygène ; s'il est de nature à atteindre tel mode de dissociation incomplète, il en résultera la dissociation correspondante ; mais s'il est de nature à atteindre la matière dans son union la plus intime, il en résultera l'explosion la plus formidable. C'est comme une corde de piano qui met en mouvement celles qui répondent à ses vibrations et laisse les autres en repos.

§ 25. **Cause des manifestations lumineuses.** — Maintenant que nous savons que les vibrations éthérées se condensent et acquièrent de l'amplitude par leur réflexion contre les corps denses, la lumière s'explique facilement. Nous en concluons que la lumière résulte surtout des vibrations éthérées déjà amplifiées pendant le jour, et qui, en se réfléchissant contre les corps denses, deviennent moins rapides et assez amples pour impressionner la matière dense de notre organe visuel. Et, par suite, le plus ou moins de vitesse avec laquelle elles sont répercutées détermine les couleurs simples ou complexes du corps qui les réfléchit. Les couleurs résultant de la plus ou moins grande vitesse de vibration, on voit, en effet, qu'il suffit qu'un corps laisse se condenser ou réfléchisse plus au moins rapidement les vibrations, pour qu'il paraisse rouge, blanc, bleu, etc.

Les couleurs sont mates lorsqu'elles sont réfléchies dans toutes les directions par une surface granuleuse ou non polie ; elles sont brillantes, lorsqu'elles sont réfléchies dans la même direction par une surface polie. Un corps que l'on chauffe devient lumineux, non plus par réflexion, mais parce qu'il arrive à émettre lui-même des vibrations assez rapides pour être lumineuses. Elles sont d'abord, en effet, sombres, rouge-sombre, puis, à mesure que la vitesse augmente, elles deviennent rouge-vif, blanches, bleues et même tout à fait invisibles si elles deviennent trop rapides ; car il ne faut pas oublier que les vibrations ne sont pas plus lumineuses si elles sont trop lentes que si elles sont trop rapides. En conséquence, si l'on interpose un gaz sur le trajet lumineux émis par le même corps, il reçoit mieux ces vibrations comme corps semblable; mais n'étant plus dans le même état calorique, il en affaiblit l'intensité, et dans le spectre, la raie sombre remplace la raie lumineuse, parce que ce même mode de vibration n'a plus assez d'intensité ou d'ampleur pour être lumineux.

§ 26. **Raison de l'équivalence mécanique.** — Une nouvelle école explique la force seulement par la chaleur. M. C.

Tellier l'explique par le froid et il en montre des preuves, ce qui est absolument en contradiction avec l'énoncé : *Équivalent mécanique de la chaleur*.

Au lieu de se demander : Est-ce la chaleur, est-ce le froid qui produit la force? on voit qu'il suffit encore de rentrer dans notre principe, qui montre que la cause de tout mouvement dépend des différences de température qui détruisent l'équilibre et occasionnent le mouvement qui tend à rétablir cet équilibre. Il suffit donc, pour concilier les cas que nous venons de citer, de remplacer l'expression d'*équivalent mécanique de la chaleur*, consacrée à tort, par celle que nous révèle notre loi, c'est-à-dire par celle d'*équivalent mécanique des* DIFFÉRENCES *de température, ou de vibrations*.

En effet, si dans un milieu qui sert à ramener l'équilibre de température à un degré donné, nous produisons de la chaleur, elle aura d'autant plus d'effet mécanique qu'elle aura atteint un degré plus différent de ce milieu. Si, dans ce même milieu, nous produisons du froid, comme le fait M. Tellier par l'emploi varié de l'ammoniaque, nous obtenons encore des effets proportionnés aux différences de température. Enfin, dans les machines à vapeur, augmenter l'écart entre le degré d'échauffement et celui de condensation, c'est encore agir directement en raison des différences de température. L'expression de notre loi seule exacte, explique et renferme les divers cas. La seule remarque qu'il y ait à faire en faveur de la chaleur, c'est que les vibrations calorifiques ayant plus de lenteur et d'amplitude, ont le plus d'action sur la matière dense sur laquelle nous devons le plus souvent agir. Mais prendre une prédominance d'action pour une base exacte, c'est fausser la loi et manquer son but. Aussi ce qu'on appelle la théorie dynamique de la chaleur, n'est qu'un jeu d'écolier inapplicable à nos machines, ainsi que l'Académie est obligée d'en convenir.

§ 27. **Causes de l'électricité et de ses mouvements.** Nous avons vu que tous les corps denses s'entourent d'atmosphères de densités inverses des distances. Cette progression qui forme, en général, une puissance double pour chaque distance réduite de moitié donne, en définitive, une puissance qui paraît surtout superficielle et qui est le principal élément de la force électrique.

Lorsqu'un ébranlement se produit *parallèlement* à la surface du corps dense, il prend dans cette direction *une très-grande puissance d'action, en raison du rapprochement considérable des molécules qui multiplient les chocs et la puissance de force vive*, sans qu'ils soient atténués directement par la surface du corps. Le concours de corps denses ou différents étant ainsi nécessaire aux manifestations électriques, on voit qu'elles seront très-faibles dans l'éther seul, dont les éléments les plus denses le sont fort peu. Quand cette couche électrique est inégalement répartie par suite d'influence extérieure ou propre à la surface du corps, elle est dite *polarisée*. Le côté où elle est le plus dense ou le plus puissamment agitée, car les deux font la force vive, est le pôle positif, l'autre le pôle négatif. Lorsqu'une cause troublante des atmosphères cesse d'agir, le fluide reprend son équilibre par suite de la moindre répulsion des fluides différents qui les oblige à s'égaliser.

Nous savons que sous une même puissance d'action, la vitesse et l'amplitude des vibrations fluides dépendent de leur densité; et que les vibrations semblables, qui se transmettent mieux leur force vive, se repousseront avec plus d'efficacité et tendront à éloigner les corps sur lesquels elles s'appuient, tandis que les vibrations différentes, se repoussant moins, les laisseront se rapprocher. De là les mouvements manifestés par les corps électriques, magnétiques et diamagnétiques.

Lorsqu'un corps est décomposé chimiquement par l'agitation ou force électrique d'un courant, on comprend parfaitement que celui des éléments qui répercutera mieux les vibrations positives sera repoussé du côté négatif, où il éprouve le moins de résistance. Au contraire, celui qui répercutera mieux les vibrations négatives sera poussé au pôle positif. Avec le secours de notre principe, on voit que rien n'est plus simple que ces résultats qui semblent mystérieux.

Si un rayon incident tombe normalement sur la surface du corps électrisé, la réaction qu'il provoque parallèlement ou tangentiellement à sa surface se fait équilibre de chaque côté dans cette puissante couche. Mais si ce rayon tombe près d'une arête ou d'une pointe, cette réaction fait défaut soit d'un côté, soit sur une grande partie du périmètre, et le fluide agité n'étant plus équilibré de ce côté, la force s'y perd en ne rencontrant pas de molécules aussi serrées pour la répercuter avec la même puissance. Des déperditions analogues s'ajoutant de proche en proche vers les saillies et les pointes, on voit pourquoi elles sont causes des déperditions électriques. Par une raison inverse, on voit aussi que, s'il se produit un excédant de force extérieure, il sera plus facilement reçu par les éléments vibratoires des pointes qui lui offrent une échelle progressive de densité et, par conséquent, une transmission plus forte et moins subitement différente. Ces conditions donnent aux pointes et aux accidents, quelque imperceptibles qu'ils soient, un pouvoir émissif égal au pouvoir absorbant. Elles nous expliquent pourquoi, dans les machines électriques, la force développée par le frottement est reçue ou distribuée par des pointes, tandis que toutes les arêtes de l'appareil sont arrondies pour ne pas la disperser inutilement. Le fait souvent constaté que les corps, en devenant rugueux ou pelucheux, perdent, soit de l'électricité positive, soit de l'électricité négative, s'explique parfaitement, puisque ces accidents forment une voie qui facilite la répartition des forces.

En raison de cette propriété des pointes et des accidents de formes, quelle que soit leur ténuité, on reconnaît pourquoi l'électricité ne se répartit pas également sur deux surfaces différentes, que l'on presse ou que l'on frotte l'une contre l'autre; ces corps frottés que l'on sépare vivement seront donc électrisés inversement. Si ce sont deux lames de verre, l'une polie, l'autre dépolie, cette dernière, qui laisse échapper son excédant de force ou d'atmosphère, s'électrise négativement. Le verre et les corps transparents qui laissent passer les vibrations lumineuses, plus ténues et plus rapides que celles de la chaleur qu'ils interceptent, ont une atmosphère positive; c'est-à-dire de vibrations plus lentes. L'excès de chaleur qui tend à diminuer la densité d'atmosphère, lui donne une tendance négative. La polarisation sur un même corps résulte de l'inégale répartition de son atmosphère sous un grand nombre d'influences. Si à côté d'un corps électrisé se trouve un autre corps qui repousse plus efficacement tel genre de molécules de l'atmosphère, elle sera décomposée, non pas d'une manière absolue, comme on le dit à l'Académie, mais *selon une résultante entre l'action décomposante et celle du corps électrique*, qui conserve toujours la plus puissante action près de sa surface, et chaque nature d'atmosphère s'amincit en s'étendant vers le pôle opposé, fait vérifié par Volpicelli. Le côté où sont principalement reléguées les molécules les plus denses, étant de nature à mieux transmettre sa force aux corps tangibles, sera le pôle positif. Et nous savons aussi, par les effets qui donnent l'équilibre liquide inverse de l'équilibre gazeux, que tel corps peut présenter des effets positifs à certaines distances, tandis qu'ils seront négatifs près du contact et *vice versa*.

Il arrive très-souvent que les atmosphères électriques offrent un excédant de force répulsive, surtout lorsque la chaleur commence à s'accroître. Alors les corps se tournent en croix entre les pôles d'un aimant et sont appelés *diamagnétiques*. Les corps diamagnétiques sont même de beaucoup les plus nombreux : tous les métalloïdes le sont, et, parmi les métaux, une quarantaine sont diamagnétiques, huit ou dix seulement sont magnétiques. Mais notre philosopie semble prendre à tâche de montrer surtout les corps magnétiques, parce qu'ils sont moins radicalement opposés à l'idée d'*attraction* que l'on veut inculquer dans les esprits.

L'électricité statique semble être contredite par l'électricité dynamique ou en mouvement, parce que les courants qui vont dans le sens contraire se repoussent le plus, tandis que ceux qui vont dans le même sens tendent à se réunir. En effet, lorsque deux courants semblables vont en sens contraire, ils se heurtent et se repoussent nécessairement avec plus de force que si des courants différents se rencontraient. Si, au contraire, deux courants semblables vont dans le même sens, non-seulement les éléments semblables se heurtent moins, mais leur tendance à se porter vers un même point les oblige à se réunir. Ce qui est rationnel.

Dans les décompositions ou combinaison électrique, s'il s'agit, par exemple, d'un mélange d'azote et d'hydrogène qui doivent se combiner sous l'influence électrique, les premières molécules d'ammoniaque se combinent sans difficulté, parce que le milieu, *très-différent*, ne s'y oppose pas ; mais à mesure que ces nouvelles molécules s'accumulent, elles se transmettent plus efficacement par *similitude* leur mode de mouvement, qui finit par s'opposer à la formation de nouvelles molécules *semblables*. Mais si l'on rétablit la *différence* de milieu en enle vant le gaz déjà formé ou en l'absorbant, la combinaison, qui a cessé par trop de *similitude*, recommence par une *différence* suffisante. Si, au contraire, on introduit dans l'appareil un excès d'ammoniaque déjà formé, il devra se décomposer par trop de *similitude* ou de force transmise dans les mêmes conditions où il se formait auparavant. Ces considérations permettent de se rendre compte de diverses compositions et décompositions électriques dont les effets paraissent incompréhensibles et même contradictoires.

Pour bien comprendre les phénomènes électriques, il faut aussi ne pas perdre de vue qu'ils sont le résultat d'atmosphères décroissant en raison inverse des distances, ce qui, en opposant les corps deux à deux, donne un produit d'action inverse du carré des distances. C'est donc en vertu de ces atmosphères que l'action peut se produire à distance. Par conséquent, les atmosphères électriques et des aimants ont aussi des conséquences d'action relatives à leurs faces transversales que l'on peut constater, bien que moins puissantes, parce qu'elles n'agissent pas avec un bras de levier aussi long pour diriger l'aimant. Ce sont ces effets complétement méconnus et pourtant inévitables qui ont amené les interprétations si singulières développées au moyen du solénoïde d'Ampère.

Pour éclairer ce sujet, représentons-nous un corps électrisé ou un aimant suspendu et librement orienté du sud au nord. Son atmosphère est décomposée par la pesanteur qui tend à faire prédominer les parties les plus denses en bas et les parties

6

moins denses en haut. En même temps, le courant terrestre tend à faire dévier ces parties inférieures plus denses à l'ouest et les parties supérieures moins denses à l'est, où va le fluide négatif. L'image de cette atmosphère, dans sa section transversale, nous est à peu près représentée par la flamme d'un corps qui brûle et dont le vent inclinerait la partie supérieure vers l'est. Or si, comme Œrsted, nous faisons passer, du nord au sud, un courant longitudinal, soit au-dessus, soit au-dessous de l'aimant, il agira sur ces déviations transversales de l'atmosphère comme sur un bras de levier qui tend à le faire tourner dans un sens ou dans l'autre, selon la direction de ce courant.

En plaçant un barreau d'acier aimanté dans les spires du solénoïde et en développant un courant suffisant dans l'hélice, la force répulsive des atmosphères (*et non pas celle des petits courants moléculaires qui ne pourraient sortir de la matière*) écarte de toutes parts la barre d'acier qui reste suspendue sans aucun contact tangible ! Avec cela seul, comment oser nier l'atmosphère électrique .. et sa puissance?.....

Si Ampère qui avait pressenti la distinction du « *monde matériel et de la pensée* » avait pu la démontrer comme nous par des lois précises, il n'aurait pas poursuivi ces impossibilités, ces balivernes scientifiques, et chacun ne serait pas aujourd'hui obligé d'étudier plusieurs chapitres de physique, qui n'ont pour but que de dérouter mal à propos dans l'interprétation des phénomènes physiques. On obtient ainsi deux résultats certains : les malheureux travailleurs se rebutent de plus en plus de ne pouvoir tirer aucun profit de leurs pénibles labeurs, et, de plus, ils se trouvent dans l'impossibilité de constater que les phénomènes électriques de l'organisme ne sont qu'une force matérielle comme toute autre, mise à la disposition de la volonté.

Remarque importante. — Il résulte de la constitution de la matière (§ 19), qu'aucun composé gazeux ne peut avoir un volume autre que celui de l'*unité* commune. Les volumes doubles ou autres doivent donc être ramenés à cette unité. En conséquence les équivalents de l'hydrogène et de tous les métaux qui sont doublés doivent être considérés comme équivalents simples, etc. Le chlore, l'oxygène, l'azote et autres qui se dédoublent, montrent aussi que l'équivalent admis n'est pas l'*unité* réelle. La loi de Dulong et Petit exige la même modification. Cela fait, *on trouve que tous les corps dits simples ou autres, répondant à l'unité de volume, manifestent une* CHALEUR *sensiblement* PROPORTIONNELLE A LEUR DENSITÉ, etc. Ce qui explique la cause de la chaleur et des faits de première utilité.

N.B. Pour la *précession*, page 103, la planète est un peu plus repoussée et retardée au périhélie qu'elle n'est avancée à l'aphélie d'où résulte un petit retard avec la déviation d'axe qui répond *juste à la Direction solaire.*

§ 1. Origine du mouvement organique. — Nos philosophes et physiologistes qui veulent démontrer l'âme font absolument comme s'ils voulaient démontrer le contraire. Ils lui prêtent toutes sortes de fonctions mystérieuses qui ne sont que des actions matérielles faciles à démontrer. Au contraire, en donnant la clef même de ces faits si utiles à connaître, on met en relief, avec la plus haute évidence, la distinction même des phénomènes de l'intelligence et de la volonté.

Naguère, dans l'ignorance de notre principe, si l'on voyait poindre la vie, un ferment s'organiser, on s'acharnait sur ce vermisseau comme s'il se fût agi de l'œuvre capitale de Dieu, de l'âme, tandis qu'il ne s'agit que d'une pauvre petite machine aveugle et inconsciente, mais dont la connaissance est de première utilité pour l'humanité; car ces êtres sont innombrables et leurs travaux immenses. Les ferments préparent les aliments nécessaires à notre vie. Mais aussi, si l'on n'y prend garde, ils attaquent, tuent l'homme et les peuples épouvantés sans que l'on sache d'où cela vient. Voulez-vous, avec le secours de notre loi, voir apparaître ce petit être si utile à connaître et si peu dangereux pour la philosophie?

Dans un milieu fluide, contenant les éléments nécessaires à la vie pour qu'elle apparaisse, il suffit qu'il renferme aussi d'imperceptibles corpuscules azotés à enveloppes solides ou de l'albumine susceptible de les former par sa coagulation, que suffit à produire une médiocre chaleur accidentelle. Alors, par notre loi, bien connue maintenant, nous voyons que le premier effet du corpuscule azoté est de repousser l'azote du milieu qui, par sa densité intermédiaire entre l'oxygène et le carbone, les aidait à se tenir séparés et, par suite, de faire combiner près de lui ces deux corps dont il diffère davantage par l'excédant de compression qu'ils y éprouvent. Mais aussitôt ce nouveau corps formé, il devient plus dense et s'entoure de vibrations plus semblables à celles du corpuscule et qui l'en éloigne pour laisser se rapprocher de nouveaux éléments plus différents, carbone et oxygène, qui se combinent à leur tour pour s'éloigner successivement, ce qui établit une circulation. Comme divers éléments s'entraînent par leurs différences et que le corpuscule les oblige à passer sur le même point, il en résulte, toujours selon la même loi, un courant de matières plus semblables qui s'éloigne et un courant de matières plus différentes qui s'approche. *Voilà donc la chaleur développée et le mouvement continu établi*, c'est-à-dire LA VIE!

Le même phénomène se montre sous toutes les formes de la vie animale : que ce soit pour les manifestations de la vie les plus élémentaires dans les dissolutions fermentescibles, que ce soit dans la matière azotée de l'ovule ou de l'œuf, que ce soit pendant qu'elle dure au contact de la matière azotée des poumons ou des branchies, toujours l'oxygène et le carbone, qui n'ont pas la force de se combiner librement, se combinent par la tendance qu'ils ont de se porter l'un à l'autre au contact du corps azoté qui les repousse après leur combinaison. Il n'y a donc là rien que de très-simple et conforme à l'action matérielle : deux corps qui s'approchent par différence entre eux et avec un troisième, puis qui, après s'être combinés et devenus plus semblables, s'en éloignent par répulsion pour faire place à d'autres éléments plus différents qui viendront se combiner à leur tour et produire de la chaleur qui atteste le changement d'état d'où résulte la force matérielle de la vie animale. Il suffit, pour cela, que le corps azoté soit assez solide pour ne pas se combiner lui-même avec les autres en agissant sur eux.

Le même mécanisme produit d'ailleurs d'autres combinaisons parfaitement faciles à constater. Dans un mélange d'oxygène et d'hydrogène qui ne se combinent pas librement, si l'on plonge une lame de platine pur, par sa densité, elle fait combiner ces deux corps à son contact, et l'eau qui en résulte coule à sa surface pour laisser s'approcher d'autres molécules qui se combinent à leur tour. Ainsi se produit sous nos yeux un résultat tout à fait analogue avec dégagement de chaleur. Nous voilà donc, par des forces entièrement conformes à la loi des actions matérielles, en présence du mouvement incessant de la matière et d'une force proportionnelle à la chaleur dégagée, comme le veut la science. Nous voilà en face de la force motrice de la vie, en face de cette action qui anime la matière et distribue les matériaux nécessaires à la vie !...

Mais ne perdons pas de vue qu'il ne s'agit ici que de l'action matérielle inévitable des transmissions de force et nullement de l'action volontaire qui procède d'un autre principe.

Pour que les êtres organisés les plus simples puissent se former dans une dissolution fermentescible, complétement limpide, il suffit donc qu'elle renferme des matières albuminoïdes qui ont la propriété de se coaguler sous une chaleur de 60 degrés et qu'un mouvement ou une compression accidentelle puisse provoquer une combinaison qui dégagera la chaleur nécessaire à la formation d'un petit globule azoté qui devient plus solide en emprisonnant quelques matières minérales ; alors la fermentation continuera par le mécanisme que nous venons de décrire, et il se formera de nouveaux globules ou ferments, par suite de la chaleur dégagée et de son action sur les matières albuminoïdes. Mais si, par l'air ou autrement, le moindre corpuscule azoté est introduit dans la liqueur fermentescible filtrée, la fermentation commence, sans autre nécessité, par les actions que nous venons de décrire.

Lorsque M. Pasteur détruit, par l'ébullition à 100 degrés, la propriété de coagulation qui s'opère à 60°, ou qu'il dénature par le feu la propriété des corpuscules azotés, il fait comme la cuisinière qui, après avoir fait cuire son omelette, dirait que ses œufs sont maintenant incapables de produire des poulets!..

Nous pouvons avoir une idée de la formation des animaux les plus simples, sauf la direction volontaire, par les phénomènes que nous venons d'examiner. Lorsqu'une dissolution renferme les débris organiques d'un fragment de corps organisé en décomposition, on remarque de fines granulations qui se portent à la surface et qui ont parfois des mouvements oscillatoires ou de rotation comme les astres, en raison des différences de force vive que reçoit cette matière. Ce déplacement, ou cette rotation, amène la formation d'une pellicule par échange de matière entre les éléments différents qui se rencontrent. Différentes modifications peuvent se produire selon les milieux, alors le corpuscule azoté peut provoquer la combinaison de l'oxygène et du carbone, qui met la matière en mouvement. On remarque l'agitation du point sur lequel se font les combinaisons; c'est le *punctum saliens* ou cœur de l'animal qui va se produire. Ce sont ces agitations plus saccadées et variées que nos observateurs appellent *mouvements instinctifs*, parce qu'ils n'en comprennent pas la cause. Alors les matières diverses, en s'éloignant de la source de chaleur, perdent de leur température et s'unissent en conséquence selon leurs tendances, d'abord autour des voies sanguines ou autres qui se forment, et ensuite selon les tendances des divers éléments. L'acide carbonique, en s'échappant, se maintient une voie ouverte, le fluide calorique, développé, forme des courants en s'attachant aux corps denses les plus conducteurs, ce qui constitue, comme nous le verrons, le fluide nerveux. Ce fluide s'échappe ordinairement par deux voies principales où il se porte alternativement, si la volonté n'intervient pas, par suite de ce fait que lorsque l'une est saturée du mouvement du fluide développé, c'est l'autre qui, par sa plus grande différence d'agitation, le reçoit plus facilement, ce qui détermine la symétrie des corps.

Il suffit donc que le centre de mouvement produise un appendice de matières avec deux voies d'échappement symétriques qui sont la conséquence de leur saturation alternative, pour qu'elles entrent tour à tour en fonction. Il y aura ainsi, alternativement, contraction d'un côté et expansion de l'autre, d'où résulte un mouvement de natation ou rampant des êtres inférieurs analogue aux actions réflexes. Pour que la résultante de cette action porte le corps en avant, il suffit qu'il y ait décroissance d'épaisseur du corps ou simplement perte progressive de chaleur, ce qui est la condition ordinaire.

Comme on le voit, il n'y a dans tout cela qu'une force analogue à celle d'une machine qui agit inévitablement en raison de la force calorique qu'elle développe, mais qui ne saurait en aucune façon disposer de ces mouvements qui sont la conséquence mathématique et inévitable de la force développée par les matières en présence. *Le principe du mouvement et de la force y est tout entier, et pourtant il n'y a pas encore d'intelligence ; donc l'une n'est pas la conséquence de l'autre.*

Mais cela peut encore être affirmé par une raison bien simple : c'est que l'intelligence et la volonté ne se sont montrées qu'après la transformation et les progrès matériels des êtres, et n'ont pu recevoir la perfection de la raison humaine qu'après une incalculable série de siècles et de générations. Donc l'intelligence et la volonté ne sont point une combinaison de la force brute seule. Il est dès lors d'une importance capitale de faire connaître le principe de la force brute : 1° parce qu'il est propre à développer au plus haut degré le bien-être de l'humanité ; 2° parce que cette force brute, incapable de raisonnement, est de nature à faire comprendre la nécessité d'un principe d'ordre supérieur de l'instinct et de l'âme, qui, dans les principaux actes, dirige la force brute, et qui ne peut se manifester sur la matière que par cette direction.

P. S. « *Depuis que j'ai signalé ce mode de reproduction* par corpuscules non vivants, *on l'a retrouvé dans toutes les espèces de vibrions microscopiques* » qui, ensuite, peuvent se multiplier par scissiparité ou autrement. Ce résultat est d'ailleurs démontré par les faits et expériences de MM. Béchamp, Donné et autres, il résulte même des faits signalés par M. Pasteur, dans son très-intéressant mémoire (C. R., t. 86, p. 103). Il court après les faits qui s'éloignent de ses propres idées, l'action organique passe et arrive à celle de la simple matière : 1° Le corpuscule qui résiste à 120° n'est plus l'œuf, le germe de M. Pasteur qui perd ses propriétés de 60 à 70° ; 2° Le corpuscule *brillant, inerte, toujours prêt pour la reproduction* n'est plus un être délicat. 3° La *matière* qui se dessèche sans perdre sa propriété génératrice et qui ne la perd que par la dissolution complète, ne mérite guère un autre nom. 4° Enfin, un élément de tissu animal, de végétal, un *granule de craie géologique*, dit microzyma, qui *détermine la vie animale* est bien une simple matière composée d'éléments propres à sa vie.

Ce qui est pis, en niant la génération spontanée, c'est qu'on empêche précisément de distinguer la force brute qui la produit des phénomènes de la volonté qui interviennent plus tard selon un principe différent !

§ 2. Actions matérielles du règne végétal. — La force qui régit le règne végétal est la contre-partie de celle qui régit le règne animal ; elle a pour principe moteur les vibrations lumineuses modifiées par la chlorophille, partie verte des plantes qui ont la propriété de désunir le carbone et l'oxygène, ce qui fait disparaître la chaleur qui résultait de leur densité d'atmosphère. Pour le mouvement animal, il faut que le milieu favorise le dégagement calorique, en l'employant ou en le répandant, afin de faciliter les combinaisons. Pour le mouvement végétal, il faut, au contraire, que le milieu reçoive d'une autre source le mode de vibration propre à séparer les éléments combinés sous forme d'acide carbonique, action qui est aussi favorisée par la réunion du carbone à la plante qui reçoit ainsi une partie de la densité d'atmosphère dispersée.

Lorsque l'acide carbonique CO^2 à l'état gazeux et peu dense se trouve en présence de l'eau dense H^2O, unie à quelques autres éléments et maintenue par la plante solide, cet ensemble très-dense, différant beaucoup de l'acide carbonique CO^2, l'élément C aura plus de tendance à s'unir à la double action différente de H O unie à la plante, qu'à celle de O seulement. Et, l'oxygène de l'acide étant repoussé par celui de l'eau en même temps qu'il est sollicité par l'agitation lumineuse à reprendre son atmosphère éthérée, moins dense, les éléments C O se sépareront pour obéir chacun à des tendances plus fortes. L'oxygène se trouve remis en liberté dans l'atmosphère, tandis que le carbone reste uni à la plante pour former les principaux éléments C, O, H qui, avec quelques autres tirés du sol, constituent le végétal. Des analyses ci-après de M. Corenwinder sur les feuilles d'érable et autres, ont confirmé nos prévisions.

Dates.	Renseignements et observ.	Matières azotées	Matières carbonées	Eau	Cendres
1 mai	Feuilles petites (écailles sép.)	40.94	54.06	78.80	6.00
7 mai	— étalées....	38.56	54.54	77.00	6.90
20 mai	— plus grandes, pluie..	26.25	65.86	79.50	7 89
13 juin	— normales	22.87	67.73	72.00	9.40
12 juil.	— normales	20.19	68.17	66.00	11.64
2 août	— normales	19.59	68.13	64.06	12.28
3 sept.	— normales	20.62	65 88	62.50	13.50
3 oct.	— jaunissantes	20.00	65.25	58.75	14.75
14 oct.	— tombées de l'arbre..	14 80	69.00	14.50	16.20

M. Corenwinder a constaté que les bourgeons, les jeunes pousses, les feuilles naissantes absorbent de l'oxygène et dégagent de l'acide carbonique *d'une manière ostensible et sans interruption* pendant un certain temps, non-seulement dans l'obscurité, mais en pleine lumière et lorsque la température s'élève. Car il faut une certaine température pour aider au dégagement du carbone qui doit entrer dans une nouvelle combinaison. Cette fonction n'avait pas été constatée pendant le jour, parce que la quantité d'acide carbonique absorbée par les parties vertes est alors plus grande que celle exhalée par l'élément azoté. Cette faculté d'absorber l'oxygène et d'expirer de l'acide carbonique, très-apparente au moment de l'épanouissement des bourgeons, diminue progressivement avec la perte d'azote.

Rien ne saurait mieux mettre en évidence la fonction du corps azoté dont nous avons fait connaître le mode d'action, que cette fonction *proportionnelle à la quantité de matière azotée contenue dans la plante.* Les graines, les parties blanchâtres ou fauves et les jeunes bourgeons de la plante, par cela même qu'ils sont azotés, agissent comme les corps azotés du règne animal pour provoquer la formation de l'acide carbonique, ce qui montre de la manière la plus remarquable, que l'action organique animale prélude par une simple force matérielle déterminée par un corpuscule azoté, lequel corpuscule peut ensuite être produit par des êtres plus avancés qui y ajoutent leurs qualités héréditaires.

Quant au début du règne végétal, il est également provoqué par un corpuscule azoté qui, n'étant pas dans des conditions convenables pour la vie animale, détermine une réaction qui décompose l'acide carbonique en raison des proportions de lumière, de chlorophylle et d'eau qui concourent à cette action et qui cesse par la disparition de l'une ou l'autre de ces conditions. Ce qui nous montre que le début des deux règnes, ainsi que leur croissance sous l'influence de l'hérédité, se développe en raison de la force matérielle. Il n'y aurait donc pas plus de volonté et d'intelligence dans l'un que dans l'autre règne, si elle ne procédait pas d'un autre principe.

Le tableau précédent nous montre donc, par sa première colonne, que la fonction oxydante s'exerce en *raison de la matière azotée* contenue dans le végétal ; nous savons qu'elle dépend aussi d'une certaine quantité de chaleur nécessaire pour dégager le carbone. La désoxydation est, au contraire, en rapport avec la quantité de chlorophyle qui se développe dans les parties vertes. La deuxième colonne nous montre en effet que les matières carbonnées croissent avec cette condition malgré l'oxydation plus faible qui s'opère d'autre part. La troisième colonne nous montre le concours de l'eau, et enfin la quatrième atteste que des courants inverses et propres à neutraliser ces actions, apportent des matières minérales du sol. Ainsi, les conséquences que, dans notre deuxième édition, nous avions tirées de la nature des forces qui interviennent sont complétement corroborées par ces résultats. Et, ce n'est qu'avec nos résultats que M. Corenwinder a pu interpréter ses travaux qu'il avait poursuivis, comme il le dit, vingt-cinq ans sans y arriver. Ainsi, ces deux grandes fonctions physiologiques du règne végétal sont exercées, non pas tour à tour, mais simultanément et en raison même des matières azotées ou carbonées avec chloryphylle que contient le végétal. Par le seul aspect de la couleur, on peut prévoir le mode de vibration qui convient le mieux à tel organisme.

M. Boussingault a constaté que la plante, plongée dans l'acide carbonique pur, ne le décompose pas ou presque pas ; c'est qu'en effet, l'azote de l'air est un élément d'une densité intermédiaire entre l'éther et l'acide carbonique, et qui facilite la transmission de la force qui doit décomposer l'acide carbonique. Ainsi, l'azote qui doit être écarté du milieu pour favoriser l'union de l'acide carbonique est, au contraire, nécessaire pour favoriser sa désunion, ce qui est parfaitement conséquent. Et, par suite des fonctions inverses, les combinaisons et dissociations sont aussi inverses.

En combinant ces actions d'ensemble avec celles des corps en particulier, on trouvera facilement la cause des différents mouvements organiques. Mais il en est un dont la raison d'être pourrait échapper, et que nous croyons devoir indiquer : c'est la cause de la mobilité d'un règne et de la stabilité de l'autre. Pour la reconnaître, il faut remarquer que le dégagement calorique qui s'opère dans l'intérieur de l'animal, doit pouvoir se disperser dans tout le périmètre extérieur moins dense au milieu duquel il vit. Il aura donc une tendance à se déplacer dans ce milieu, tant pour mieux répartir et disperser la chaleur qu'il produit et qui est la base de sa force, que parce qu'il doit transformer les éléments carbonés dispersés autour de lui, ce qui amène sans cesse une tendance à se porter dans de nouveaux milieux moins modifiés, plus différents que ceux où il a déjà vécu et qui ont perdu de leur différence. A ce double point de vue, les organes locomoteurs devront se développer de manière à être favorables au déplacement utile pour les fonctions animales qui, au début, ne peuvent être que la seule tendance à se porter, par différence de force vive, dans un milieu plus différent d'un milieu fluide. Le végétal, au contraire, ne pourra être mobile, parce qu'au lieu de produire de la chaleur il doit pouvoir neutraliser les vibrations lumineuses plus rapides qu'il reçoit avec celles du sol plus dense sur lequel il s'appuie et avec lequel il fera des échanges de matières en même temps que de forces ce qui l'amènera à planter des racines dans le sol pour faciliter ces échanges.

§ 3. **Actions nutritives.** — Nous nous bornons ici à indiquer quelques-unes des tendances de la matière propres à guider la médecine et la physiologie. Dans la cellule qui constitue les organismes les plus simples et qui fait la base des tissus animaux, selon les travaux de Raspail, nous reconnaissons l'action des matières différentes, qui sont des granulations dans une matière amorphe, laquelle se constitue une enveloppe ou pellicule solide, soit en cédant par diffusion les éléments les plus faiblement retenus, soit en s'emparant des éléments extérieurs pour lesquels elle a le plus d'affinité. La cellule ne conserve son activité vitale qu'autant que ses parois restent solides; parce qu'elle ne doit pas se décomposer en agissant sur les éléments dont elle doit provoquer les transformations.

En considérant à leur tour les êtres plus développés, la cause d'action ressort très-nettement des faits suivants constatés par Berzélius et d'où résulte une des justifications les plus évidentes de notre loi : « Pour provoquer la sécrétion de la salive ou des autres humeurs concourant à l'action de la digestion, il faut prendre un liquide ayant une réaction *opposée* à celle du liquide que l'on veut obtenir. Ainsi le carbonate de soude, sel assez fortement basique, ne provoque jamais la sécrétion de la salive; mais tous les acides le font, quoique avec une énergie plus ou moins grande, parce que la salive est une liqueur alcaline. Au contraire, dit toujours Berzélius, si vous voulez produire dans l'estomac une abondante sécrétion de suc gastrique, humeur nettement acide, il faudra soumettre les parois du viscère à l'action d'un liquide alcalin quelconque. »

Il est superflu de faire remarquer combien ces faits justifient notre loi : pour attirer un liquide, il faut la présence de celui qui a les qualités opposées. Le médecin doit aussi savoir si ce liquide agira par endosmose ou par exosmose, c'est-à-dire s'il attirera le liquide opposé ou s'il ira lui-même le rejoindre à travers les tissus, ou bien encore s'il n'exercera pas d'action décomposante. Ainsi les aliments qui sont généralement complexes, trouvent successivement sur leur trajet les réactions diverses propres à les décomposer, de sorte qu'aussitôt que les aliments ont été modifiés par une réaction, ils subissent la tendance à se porter en avant, vers une réaction opposée. D'où il résulte que le transport des aliments s'effectue, on peut dire de lui-même. Dans ces conditions, on comprend pourquoi nous n'avons aucun effort à faire pour que la digestion s'opère et pourquoi elle est tout à fait inconsciente. On voit aussi pourquoi les éléments utiles à la constitution de nos organes seront absorbés et non pas *assimilés*, comme on dit, mais assemblés par *différences* et les éléments trop *semblables* sont, au contraire, dissous et rejetés.

§ 4. Principe de la génération supérieure animale et végétale. — Les dispositions prises par la nature dans le but d'obtenir des différences d'état nécessaires à l'action sexuelle sont si évidentes, que c'est probablement parce qu'elles nous frappent les yeux de toutes parts que nous ne les apercevons pas. Eh bien, regardez, je vous prie, le premier animal mâle qui passera devant vous. Voyez les organes qui secrètent le fluide prolifique; nulle partie du corps, n'ayant pas de fonction motrice à remplir, ne semble plus évidemment se porter au froid extérieur, comme le ferait une matière alcaline qui cherche à dégager sa chaleur d'une action semblable; mais, si la puissance alcaline est atténuée par un excès de froid, l'organe se resserre; si, au contraire, elle est augmentée par la chaleur, il semble vouloir se détacher davantage. Par opposition, on trouve l'ovaire dans le centre le plus chaud du corps et le mieux protégé contre le froid extérieur. L'effet de la chaleur sensible s'accuse clairement dans ces résultats, parce que ce mode de vibration est celui qui a le plus d'action sur la matière organique animale.

Des faits spéciaux viennent confirmer le but de ces dispositions; il a été constaté que des hommes dont les organes sécréteurs demeuraient à l'intérieur du corps étaient impuissants, et nous savons inversement que des lotions froides sont un puissant excitant. Nous savons aussi que l'enfant, chez lequel ils ne se portent pas à l'extérieur du corps, n'éprouve pas plus de désirs que l'eunuque, chez lequel ils n'existent plus ou sont paralysés. Le rut ne se prononce chez le rat que lorsque ces organes se portent à l'extérieur du corps.

Pourtant, ce n'est pas toujours au froid extérieur que se porte ce fluide. Chez l'oiseau, par exemple, où ces organes eussent pu être gênés ou protégés contre le froid par le plumage, la nature a cherché une autre disposition. Ils sont internes, mais accolés au plus gros embranchement de la veine cave, qui ramène à l'intérieur du corps le sang acidifié par ses fonctions et qui, par conséquent, tend à réunir les éléments les plus alcalins près de ce courant acide sans cesse renouvelé. Mais le fluide séminal, bien qu'étant en somme alcalin, doit aussi renfermer des éléments très-acides; car, nous le savons, un corps n'est fortement alcalin qu'à la condition de posséder un centre puissamment acide. Le fluide interne des spermatozoïdes doit donc être acide; condition qui, d'ailleurs, est nécessaire pour produire la force qui les anime dans un milieu alcalin. Le mécanisme de leurs mouvements doit être celui que nous avons indiqué par les seules forces matérielles.

Par conséquent, les produits sexuels auront l'un sur l'autre une action analogue à celle des bases et des acides. Le jaune ou vitellus de l'œuf est en effet acide et la cicatricule ou tache germinative alcaline. Le fluide séminal alcalin aura donc une tendance à être expulsé de son lieu de production, tendance qui sera encore augmentée par une excès de mouvement local. Ce fluide tendra à s'éloigner du centre alcalin comme le sang oxygéné; mais, comme il n'a pas de fonction ni de cours régulier pour se transformer et retourner à l'intérieur, ce sera une satisfaction donnée à l'organisme lorsqu'il sera expulsé extérieurement, et cette tendance sera encore plus forte si elle est provoquée par les humeurs acides de la vulve. A ce point, le fluide alcalin sera neutralisé par les humeurs acidés qu'il rencontre, et les spermatozoïdes, dégagés de cette influence, auront alors une tendance à se porter au centre alcalin, en raison de leur acidité. Il est à remarquer que ce n'est ni une puissante acidité ni une puissante alcalinité que doit posséder cette tache germinative ou corpuscule azoté, pour provoquer la combinaison du carbone et de l'oxygène en même temps. En effet, si le corpuscule azoté était trop acide, il ne tendrait pas à réunir l'oxygène, et s'il était trop alcalin, il ne repousserait plus l'acide carbonique formé. La fécondation est donc la réunion des deux qualités opposées pour provoquer les combinaisons et le mouvement nécessaires à la vie. Dans tout cela, on ne voit absolument que des forces matérielles et rien absolument de ce qui peut donner la volonté à l'être, que nous sommes encore forcés de chercher dans un autre principe.

Maintenant se présente la cause de distinction des sexes. Dans les premier temps du développement de l'être au sein de la mère, on constate une identité absulue des deux sexes. Le même organe se développe ensuite selon les caractères de l'un ou de l'autre sexe, suivant qu'il demeure à l'intérieur du corps du nouvel être ou qu'il est repoussé à l'extérieur, et nous savons maintenant qu'il suffit d'un excédant d'acidité ou d'alcalinité plus au moins prononcée pour que l'un ou l'autre des cas se réalise. Par conséquent, les fonctions deviennent inverses par suite de l'action inverse de la chaleur, selon que l'organe se développe intérieurement ou extérieurement. On sait que, malgré le renversement, l'anatomie constate facilement les similitudes des organes sexuels.

Quant à la cause de l'équilibre dans le nombre d'individus de chaque sexe, notre principe de l'action d'un corps sur celui qui en diffère le plus nous dit que c'est la prédominance de la force d'un sexe qui doit provoquer la production de l'autre. S'il en était autrement, l'équilibre serait bientôt rompu, le même sexe prédominerait de plus en plus.

Les organes de la reproduction chez les plantes ont également des affinités très-distinctes. Lorsque ces deux éléments sont réunis sur la même fleur et qu'on voit l'anthère qui contient le pollen s'ouvrir du côté du pistil et lancer sa poussière sur cet organe avec une sorte d'explosion, ou bien lorsqu'on voit l'étamine se pencher vers le pistil pour poser l'anthère sur le stigmate ou le stigmate se pencher vers l'étamine en faisant fléchir peu à peu leurs tiges, puis se redresser après la communication, il serait difficile de récuser cette action, bien qu'elle n'agisse qu'avec lenteur et faiblement à distance.

§ 5. **Principale cause motrice du sang.** — Nos savants n'ont pu constater que les forces musculaires qui interviennent pour aider à la circulation du sang : mais ils ne connaissent pas le premier mot de la cause principale. Pourquoi dans l'œuf le sang se meut-il avant que le cœur et les organes ne soient formés ? Pourquoi dans les animaux simples se meut-il inversement dans de simples lagunes ? Pourquoi continue-t-il à évacuer les artères après l'arrêt du cœur ? etc. Tout cela est énigme.

Pour nous, maintenant, la cause est simple. Nous voyons la chaleur se développer dans nos organes pulmonaires et autres. Or la chaleur positive a la propriété de repousser les éléments liquides plus alcalins du sang artériel, qui sont aussi positifs, comme nous l'avons vu. Au contraire, elle repousse moins ou attire relativement ces mêmes éléments combinés et acides dans le sang veineux. Donc le sang, repoussé dans les artères, attiré relativement ou moins pressé dans les veines, circule sans autre nécessité.

Lorsque nous avons fait connaître cette cause dans nos premières éditions, le radiomètre n'existait pas encore pour vérifier ces résultats d'une manière palpable. Aujourd'hui nous avons fait appliquer les deux couleurs, rouge vif du sang artériel et violacée du sang veineux, sur les faces opposées des ailettes du radiomètre. En les présentant à la chaleur du foyer, les facettes rouges sont repoussées avec une grande rapidité, tandis que les facettes bleuâtres s'approchent. L'expérience est des plus démonstratives, *le corps qui émet les vibrations rouges est plus repoussé par la chaleur et s'éloigne, celui qui émet les vibrations violacées est moins repoussé et s'approche.* Par contre-épreuve, nous présentons l'instrument au froid, comme si le sang le recevait par l'extérieur du corps, alors bien qu'avec une moindre puissance, ce sont les ailettes bleuâtres qui s'éloignent et les rouges qui s'approchent ! Rien n'est donc mieux démontré par le seul effet des couleurs qui résultent, réellement du mode de vibration de chaque nature de sang. Par notre loi, nous savons en effet que les vibrations plus lentes de la chaleur repousseront mieux les vibrations plus lentes du rouge que celles plus rapides du violacé.

Sous une autre forme, nous savons encore que le sang rouge, plus alcalin, sera mieux repoussé par le centre où se produit l'alcalinité, tandis que le sang plus acidifié en sera moins repoussé. Bichat à d'ailleurs montré, sans en expliquer la cause, que le sang veineux refuse de se rendre au cerveau, alors que le sang artériel s'y rend (*Recherches sur la vie et la mort*, p. 173). Les expériences de Letellier et Longet ont d'ailleurs montré que le froid extérieur active la circulation du sang, et, en effet, il y a une puissante différence d'action entre ce froid et la chaleur interne. Nous voyons ainsi :

1° Que le sang possède, par les combinaisons qui s'y produisent, une force suffisante pour imprimer le mouvement dans les fermentations, la circulation dans l'œuf et dans les animaux les plus simples, d'une manière tout à fait analogue à la force qui produit la circulation de la séve, et que les forces musculaires ne peuvent être que supplémentaires.

2° Que la complication des organisations amène divers perfectionnements, tels que les valvules, qui s'opposent au recul du sang et emploient plus efficacement la force des combinaisons à le faire circuler; puis vient l'action musculaire du cœur, qui dérive également de la force des combinaisons du sang, et qui augmente la force de la circulation pour une nombreuse classe d'êtres;

3° Puis un double cœur, augmente la force produite dans les êtres supérieurs, en s'opposant au recul accidentel du sang;

4° Enfin, diverses combinaisons qui se produisent dans l'organisme au moyen de l'oxygène que le sang y entraîne complètent la force de la circulation et déterminent de nombreuses fonctions musculaires et autres. Mais nous ne voyons encore rien qui puisse expliquer la volonté ni l'intelligence.

§ 6. **Cause calorique des courants nerveux.** — Nous reconnaissons facilement que les nerfs sensitifs partant de la moelle épinière pour se bifurquer de toute part à la périphérie du corps y forment le pôle négatif du système nerveux. Il faut donc à l'intérieur du corps une production calorique pour former le pôle positif et alimenter ce système. En évaluant les produits de l'inspiration et de l'expiration en même temps que la composition des sangs veineux et artériel, on reconnaît que moitié environ de l'acide carbonique du sang veineux a été expiré et que pourtant, à la sortie du cœur, il s'en retrouve à peu près autant dans le sang artériel. Il faut donc qu'il s'en soit formé avec la quantité de chaleur correspondante pendant le passage du sang dans les organes pulmonaires. Et, comme cette chaleur ne laisse pas de trace sensible au thermomètre, il faut nécessairement qu'elle ait été transformée et enlevée pour alimenter le système nerveux. En effet, les nerfs pneumo-gastrique dont les ramifications se répandent dans les muscles cardiaques se relient à la moelle épinière dans le bulbe rachidien et y forment ce qu'on appelle le nœud vital. Pour préciser davantage ce point, Legallois, « sur un jeune lapin, procède à l'extraction du cerveau en enlevant des tranches successives, jusques et y compris une petite partie de la moelle allongée; mais la respiration cesse subitement lorsque l'on arrive à comprendre dans une tranche *l'origine des nerfs pneumo-gastriques.* » C'est donc par cette extrémité que débouche le dégagement propre à constituer le courant positif, nécessaire à la vie.

Cette solution s'impose, on peut dire, d'elle-même, puisque, sans cette conclusion, il faudrait admettre d'un côté une production de chaleur sans résultat, de l'autre une dépense de fluide sans cause productrice, et entre les deux un conducteur sans usage. Il est vraiment superflu d'ajouter que la source du fluide nerveux est toute trouvée dans la chaleur transformée des produits de la respiration. Voilà donc l'action chimique insaisissable du fluide nerveux que cherchent M. Becquerel et tant d'autres ; voilà le conducteur, comme en physique, qui verse cette chaleur; voilà enfin la source de ce fluide sans origine trouvée. Pour expérimenter la transmission calorique par les nerfs, cela n'est pas difficile : Mettez le bout du doigt dans l'eau sans l'agiter, si elle est à la même température on ne sent rien, si elle est plus chaude ou plus froide, on le sent en raison même de la différence de température. Donc c'est la différence qui produit le courant et il se transmet aussi bien dans le sens négatif que dans le sens positif.

Ainsi toutes les sensations sont inévitables, c'est-à-dire que si une impression froide ou chaude, un contact, une odeur, la vue, un choc impressionne notre corps, il ne dépend pas de nous, de notre volonté, de dire : Je le sentirai, ou je ne le sentirai pas; tandis que le cerveau peut en user ou ne pas en user; il y a donc une différence radicale entre ces deux choses; l'une est inévitable, l'autre volontaire. Il a fallu les plus étonnantes, les plus malheureuses idées d'obscurantisme pour confondre des distinctions si radicales et si nettes.

§ 7. Causes des mouvements de contraction. — Malgré les efforts des naturalistes et des physiologistes, dit le Dr Marey (Conférences de 1866), on a pu jusqu'ici ramener à un *élément unique* l'origine du mouvement. L'observation microscopique nous montre la contraction dans les *tissus amorphes* et dans les *tissus organisés.* Les animaux inférieurs, les méduses, par exemple, sont éminemment contractiles, sans qu'on découvre en elles le *tissu spécial* qui est le siége de la contraction chez les animaux les plus perfectionnés. Les amibes nous montrent la matière contractile sous son apparence la plus singulière, car il n'existe pour cette matière *aucune forme déterminée ;* on la voit dans le champ du microscope *prendre spontanément* les formes les plus bizarres, sans qu'on puisse saisir d'où lui vient ce mouvement.

Les mouvements de contraction tiennent à deux causes. D'abord les pulsations du cœur et des artères résultent de la combinaison de l'oxygène et du carbone en acide carbonique qui lui donne moins de volume et plus de densité. Il en résulte donc une tension et une dépression successive.

Ensuite vient la cause de la contraction musculaire qui a défié les esprits les plus sagaces et pourtant elle est simple : les muscles peuvent être déchirés dans le sens de leur longueur en faisceaux de fibrilles toujours plus fines jusqu'aux *faisceaux primitifs.* Ce sont alors des *tubes* remplis *d'une masse liquide.* La paroi de ces tubes consiste en une membrane *élastique complétement fermée*, le sarcolemme (Hermann). En général les tubes musculaires parcourent le muscle dans toute sa longueur sans se ramifier, et *se fixent directement aux tendons et aux os* (G. Pouchet). *Le contenu passe au pôle négatif dès qu'on y fait passer un courant électrique* (Kuhn).

Ainsi l'ensemble de ce liquide se porte au pôle négatif, c'est-à-dire du côté où se dégage le calorique par le nerf; il en résulte nécessairement, par la pression du liquide qui se jette à une extrémité, une augmentation de la largeur des tubes aux dépens de leur longueur. Ce résultat vient donc concourir avec la déperdition calorique pour produire une diminution de longueur de ces fibres et par conséquent la contraction du muscle. Puis, l'action cessant, le liquide tend à se répartir également dans toute la longueur des tubes en leur permettant de s'allonger selon leur forme normale. En effet, en devenant plus court, le muscle devient en même temps *plus épais*. En conséquence de ce mode d'action, si l'on applique une petite électrode négative sur un muscle, il se contracte parce qu'elle tend à réunir le liquide des tubes sur un même point; mais si l'électrode est grande, il ne se contracte pas, parce qu'elle tend à le répartir plus également.

Voilà donc la cause de la contraction musculaire trouvée comme tant d'autres par une loi simple. Depuis que nous avons fait connaître cette cause, on l'a introduite dans les traités de physiologie, mais on s'est bien gardé d'en faire connaître la source. Les forces musculaires nous montrent parfaitement qu'elles peuvent obéir à deux forces distinctes. Avec la volonté, les forces ou sensations matérielles peuvent varier considérablement, sans que celle-ci cesse de les diriger selon la volonté.

Mais si l'on interrompt les communications cervicales, les forces musculaires deviennent la conséquence exacte de la force matérielle développée, ce qui montre parfaitement que la volonté peut régler les mouvements.

§ 8. **Influence héréditaire et principe supérieur de la vie animale.** — L'influence héréditaire se transmet par un germe, et pourtant, dans le développement de ce germe, nous ne pouvons saisir que les effets de l'action matérielle. « L'œuf, l'ovule, le germe, n'ont pas d'organisation déterminée, dit le docteur Bouchut (*Revue des cours scientifiques*, 1864, p. 638); ce sont des cellules remplies de granulations nageant dans une matière amorphe... Ils n'ont pas de structure appréciable, pas de tissus ni d'organes susceptibles d'expliquer leur sensibilité inconsciente ni leur mouvement. A peine ont-il été *fécondés* et placés dans des conditions convenables, qu'ils attirent à eux l'oxygène et qu'ils rejettent de l'acide carbonique. Leur température s'élève, *des mouvements s'accomplissent au milieu de la matière amorphe.* Du sang se forme et *il circule sans vaisseaux et sans cœur*, qui ne se forment qu'*après cette mise en mouvement.* Les rudiments du centre nerveux apparaissent à la suite de cette circulation. Puis l'être est graduellement formé. »

Nous savons maintenant que tant que l'œuf n'est pas fécondé, il reste alcalin et que, par conséquent, s'il se produisait de l'acide carbonique à son contact, il y resterait accolé en raison de sa différence, il ne s'établira donc pas un mouvement continu. Mais dès que la cicatricule de l'œuf est fécondée par l'élément acide du mâle, elle prend un état intermédiaire entre les éléments de l'acide carbonique, dont elle provoque la combinaison, comme nous l'avons dit, pour repousser ensuite l'acide formé qui devient plus semblable à l'état de la cicatricule et le mouvement continu s'établit par ce fait. Mais pour ce qui détermine l'espèce, nous ne pouvons que présumer que les matières prolifiques portent elles-mêmes l'empreinte des êtres qui les ont produites. Nous sommes donc obligés de reconnaître la possibilité de cette influence qui permet aux êtres de se perfectionner indéfiniment en se transmettant les qualités acquises par les générations antérieures selon les conditions dans lesquelles elles ont vécu. Mais ce n'est là encore qu'une propriété matérielle commune aux deux règnes végétal et animal, et ce n'est qu'en remontant au règne animal séparément que nous rencontrons le principe de l'instinct et de la volonté pour la généralité des espèces, puis celui d'une intelligence supérieure pour l'homme. Il faut bien en conclure qu'elles sont le résultat d'un autre principe, puisque, sans cela, l'influence héréditaire jointe à l'action matérielle aurait donné, d'un côté comme de l'autre, des résultats analogues. Tant que l'on ignore la cause du principe matériel, on conçoit que l'on puisse lui prêter toutes sortes de vertus imaginaires ; mais, quand nous découvrons cette loi qui agit mathématiquement comme un poids qui tombe par terre, il est évident qu'elle ne peut produire la pensée, la volonté.

D'ailleurs, chacun connaît l'influence de l'éducation, qui change si considérablement l'homme depuis sa naissance jusqu'à l'âge mûr, et celle de l'instruction sur le moral. Or, s'il n'y avait que l'action matérielle en jeu, il est évident qu'elle agirait toujours de la même manière et qu'il n'y aurait aucun perfectionnement possible. Rien ne saurait donc mieux montrer l'existence d'un principe supérieur que le développement même de la loi matérielle qui montre sa limite d'action, loi qu'il faut développer, développer encore, au grand profit de toute chose.

§ 9. **Phénomènes de la mémoire.** — La mémoire est le résultat de deux ordres de phénomènes bien distincts dans leurs causes : l'un qui dépend seulement des actions matérielles, et dont nous pouvons nous rendre compte ; l'autre qui se manifeste par des résultats indubitables, mais que les actions matérielles sont impuissantes à expliquer.

Le premier ordre de ces phénomènes est celui des perceptions du cerveau par les organes des sens, perceptions qui s'opèrent par le mécanisme des actions nerveuses et caloriques que nous avons déjà examinées. La vue apporte au cerveau des impressions lumineuses. L'ouïe y apporte l'impression des vibrations de l'air, nuancées par les mille causes qui les déterminent. L'odorat et le goût y apportent encore assez directement leur tribut de sensations. Enfin, le système nerveux de la moelle épinière y apporte une foule d'impressions périphériques. Toutes ces actions dépendent de la force matérielle ou fatale.

Voyons maintenant jusqu'à quel point l'action matérielle peut agir seule. L'action de la lumière, qui produit la plus grande partie de nos souvenirs par les vibrations lumineuses, peut agir de deux manières sur la matière, d'abord en agitant telle partie ou telle cellule selon une modalité acquise. Dans ce cas on comprend qu'elle sera de plus en plus apte à vibrer dans les conditions voulues ; mais alors, cette cellule passant, selon le besoin, de l'état actif à l'état de repos relatif, il est absolument impossible de comprendre comment elle gardera le souvenir de tous les mouvements qu'elle aura exécutés, surtout si, comme par la lumière seule, elle en reçoit quelques centaines de millions par seconde. On aura beau répéter qu'*une perception* (vibration) *renouvelée* PREND LE NOM *de perception de souvenir*, cela n'explique rien du tout. Si, au contraire, nous admettons que les vibrations modifient l'état de la matière d'une manière persistante, alors l'impression, le souvenir peut être persistant, malgré toute la délicatesse de l'impression. Ce mode d'action nous est donné journellement par les opérations photographiques. Lorsqu'une très-mince couche de matière impressionnable a été exposée à la lumière répartie par une lentille, à l'instar de l'œil, cette couche, où le regard ne distingue encore rien du tout, contient pourtant les traces d'une infinité de contours et de nuances parfaitement rendus, ainsi le phénomène de la mémoire serait une simple action matérielle. Mais il ne faut pas se presser de conclure; les difficultés se présentent bien vite. Lorsque, par erreur ou autrement, les photographes exposent une même couche à plusieurs points de vue différents, avant de faire paraître l'image, le résultat est de plus en plus confus et indéchiffrable. L'analogie nous dit encore qu'il en serait de même dans le cerveau, si l'action matérielle agissait seule. Au contraire, lorsque dans cet organe la vue s'est beaucoup exercée, a reçu beaucoup d'images, la perception et le jugement sont beaucoup plus nets. Nous retrouvons donc encore la même différence entre la fonction matérielle qui ne se perfectionne pas, qui perd plutôt dans certains cas, et la fonction du cerveau, où intervient le principe supérieur qui perfectionne l'action. Il faut encore en conclure que dans le cerveau l'action matérielle n'agit pas seule, et qu'elle est dirigée par quelque chose de supérieur.

Voilà bien les principaux traits des phénomènes matériels de la mémoire. Mais si l'impression consiste dans l'acte du mouvement momentané, on ne comprend nullement ce qui fera le souvenir de tous ces mouvements et les reliera. Si le souvenir consiste dans le fait persistant d'une modification de la matière, on ne comprend pas la possibilité de distinguer, même approximativement, une aussi prodigieuse foule d'images, dont chacune est excessivement complexe!

Ce n'est pas tout, nous voici en présence d'une foule d'impressions de tous les temps, de tous les âges, de tous les jours, qui meublent le cerveau et qui constituent une sorte de bibliothèque des impressions de notre vie. Mais si rien ne réglait l'ordre dans lequel elles se présentent à notre pensée, elles auraient toutes une tendance à se présenter en même temps ou à recevoir en même temps une action provocatrice, et ne donneraient pour résultat qu'une image confuse, un chaos indéchiffrable; ou bien encore, si l'action de ces impressions était un phénomène purement matériel, on pourrait voir toutes les impressions de même nature se présenter en même temps, ou bien encore les impressions se présenter par ordre de date ou par ordre de force. Il n'en est rien : nous avons la faculté de nous arrêter ou de nous reporter à telle ou telle de ces impressions, selon notre volonté. Il faut donc *un bibliothécaire* qui cherche au point voulu l'impression à laquelle nous voulons nous attacher, et qui nous la mette sous les yeux, c'est-à-dire sous les yeux de notre pensée, soit en la combinant, soit à l'exclusion de toute autre.

Mais comment définir ce bibliothécaire incomparable qui sait lire des caractères aussi délicats et exposer clairement des images aussi imperceptibles que confusément entassées, si elles ne l'étaient que par l'action matérielle? Pour cela, et quelque volonté que l'on y mette, il faut exclure le hasard, il faut reconnaître la liberté de fouiller dans toutes ces impressions, il faut la faculté de les choisir et de les comparer avec intelligence, il faut quelque chose qui dépasse en subtilité tout ce que notre imagination peut concevoir. Quel nom voulez-vous donner à une semblable faculté?... Le nom importe peu, la chose reste. Nous voici donc encore ramenés aux deux principes déjà rencontrés, à l'action matérielle et à la faculté de s'en servir.

Pour distinguer une faculté aussi extraordinaire, on ne voit rien de mieux que le vieux nom donné instinctivement par les peuples, et que chacun comprend en l'appelant *l'âme.*

§ 10. **Deux grands résultats, la force brute et l'intelligence directrice.** — Ce court résumé ne nous a permis que d'exposer les principaux phénomènes que l'on trouve plus développés dans les éditions précédentes. Mais les résultats en sont de la plus haute portée. D'une part, l'immensité et l'universalité des phénomènes matériels qui TOUS RÉPONDENT A LA MÊME LOI, leur donne un degré absolu de certitude. De l'autre, tout l'ensemble des phénomènes de la volonté et de l'intelligence accusent nettement un principe supérieur insaisissable pour la science, et qu'on a supposé fatale, que faute de connaître la loi des actions fatales que nous venons d'exposer.

Si, avec la loi simple et si précise qui nous a fait pénétrer facilement les secrets les plus variés de l'action matérielle, nous ne pouvons pénétrer ceux du principe supérieur de l'intelligence et de la volonté, nous pouvons, pour y suppléer, comparer les résultats fort distincts de ces deux principes, et reconnaître ainsi qu'ils sont radicalement différents dans leur essence. Ne pouvant pas constater le principe supérieur par sa cause d'action, nous avons ainsi le moyen de le constater par ses résultats :

Comparaisons.

Principe de l'intelligence.	*Principe matériel dit vital.*
L'un, au cerveau, sent, juge, agit ou se réserve.	*L'autre,* l'action vitale reflète la force sans volonté ni conscience.
L'un ne représente que l'esprit et la volonté.	*L'autre* se vautre partout dans la matière.

L'un accuse l'unité d'âme et d'action intellectuelle.

L'autre accuse la multiplicité d'action vitale ou matérielle.

L'un a une puissance supérieure dans l'homme, laquelle disparaît de plus en plus en descendant l'échelle des êtres.

L'autre ne perd rien de sa puissance en descendant l'échelle des êtres, il devient au contraire plus absolu.

L'un, phénomène spécial d'ordre moral.

L'autre, phénomène général d'ordre matériel.

L'un, inaccessible par l'expérience comme étant d'essence supérieure.

L'autre, accessible par l'expérience comme étant d'essence matérielle.

L'un, résultat étonnant dont la recherche expérimentale est d'autant moins suivie qu'elle échappe à nos moyens.

L'autre, but des recherches générales et de la plus haute utilité comme action matérielle à notre portée.

L'un, protégé par un triple concours de circonstances, phénomène non tangible, inaccessible, et organe inexcitable.

L'autre, démontrable par tous les phénomènes matériels, et agissant de toute part et sous mille formes.

L'un ne repond pas à l'action matérielle, etc., etc.

L'autre y répond rigoureusement, etc., etc.

Avec des oppositions aussi tranchées, il n'est pas difficile de distinguer le principe supérieur de l'action matérielle.

§ 11. **Conclusions** : *L'ignorance fait les maux, la science vraie crée le bien.* — Vous voyez, grands philosophes, que vous ne pouviez connaître exactement la puissance du mouvement et la chaleur, sans connaître la loi des transmissions de force. Vous avez mal interprété le mouvement et la *pression* universelle insuffisamment connus, vous avez cru que tout dépendait d'une manière immédiate ou consécutive de ces forces brutes. Vous n'avez pas compris que le mouvement, ou la moindre pression, pouvait être dirigée dans les êtres organisés par l'expérience des siècles de siècles et par un principe supérieur qui échappe à nos facultés limitées, et vous avez semé l'ignorance et les maux par de fausses craintes. Ce n'est pas seulement le travailleur qui souffre d'un manque de connaissance ou d'une fausse direction. C'est tout ce qui étudie, cherche, pense, dirige et soulage. C'est le médecin, l'ingénieur, le mécanicien, le physicien, l'industriel. Ce sont toutes les professions qui usent d'une matière ou d'une force quelconque, ce sont l'agriculture et les sciences naturelles privées du principe qui les éclaire et les favorise, ce sont toutes les études, toutes les écoles polytechnique, de médecine, de science, d'industrie et autres qui subissent sans s'en douter le même système de réticence et de science inexactes. C'est donc l'intelligence humaine tout entière qui est ainsi paralysée, courbée sous un système d'hypothèses et de fausse science. Et par qui?... Par quelques présomptueux personnages égarés par l'ignorance et l'erreur qui prenant leurs craintes pour des réalités, transmettent ce déplorable système. Pour donner le change et motiver l'obscurantisme, on fait même parfois répandre des idées matérialistes, alors qu'on s'oppose à laisser répandre la science vraie et ses bienfaits.

Pour comprendre comment un pareil système a pu naître et se transmettre, il faut considérer : 1° que dès l'antiquité, les Égyptiens ont voulu, comme les magiciens, frapper l'esprit des masses par des stratagèmes qui font sourire aujourd'hui ; 2° que l'ignorance a fait croire que la science conduisait nécessairement au matérialisme ; 3° que l'hérédité n'a pu mettre à la tête des peuples que des intelligences médiocres dues au hasard et non au choix : un homme, en effet, ne participe d'un ancêtre, bon ou mauvais, que pour 1/2, 1/4, 1/8, 1/16, ce qui ne touche à rien au bout de quelques générations ; 4° puis, la médiocrité ne peut dominer qu'en abaissant tout ce qui l'entoure ; ce qui conduit droit à l'injustice, à l'ignorance, à la misère. Comme la science libre eût cherché surtout les choses vraies et productives, Louis XIV était dans son rôle, en fondant une Académie salariée pour interpréter et travestir la science de la plus singulière façon. Ainsi la science fut JUGÉE et EXÉCUTÉE par simple préjugé et *sans qu'on connût ni son principe, ni ses conséquences !!!...* Et ce corps, en élisant lui-même ses membres, n'a pu qu'accentuer ses tendances tellement nuisibles qu'elles ne peuvent être ni défendues, ni exposées en plein jour ; mais seulement par la ruse et par la fausseté organisée. 5° Par suite vient l'égoïsme qui a pris le contrepied de ses désirs, qui détruit la richesse qu'il convoite, qui a tout fait et fait tout pour détruire *cent* contre *un* pour lui, en même temps que *dix mille* pour autrui (voyez p. 75). Voilà comment une aussi malheureuse situation a pu naître et se transmettre par le trouble des fausses affirmations (voir pages 70 à 76).

Or, pour excuser ce fâcheux état de chose, que disait Malthus ? « La misère vient de ce que l'indigent *sans inquiétude* « (c'est-à-dire, désespérant de l'avenir), sans prévoyance, se multiplie à l'excès, ce qui amène les calamités, les guerres, les « famines. » Eh bien, nous venons de voir que l'ignorance est une source de misère et la science une source de richesse et d'abondance (et par suite de progrès spécifiques et autres) qui dépasse tout ce que nos gouvernements pouvaient imaginer. Donc, en semant l'ignorance, vous avez semé les maux. En effet, l'homme qui désespère de l'avenir, abuse du présent et s'abandonne aux mauvaises passions qui troublent : lui, sa famille et la société ! Au contraire, l'homme éclairé se crée l'aisance, et, pouvant espérer quelques épargnes, quelque bien dans l'avenir, il devient économe, travailleur et content. Vous avez doublement semé les maux, puisque l'excès de fécondité est beaucoup plus grand dans l'ignorance et la misère, que chez l'homme éclairé qui mesure ses besoins à ses ressources. C'est encore à l'ignorance, à la misère qu'est dû cet excès.

Vous pratiquez la theorie des Malthus, des Darwin qui veut que le bien résulte de *l'excès du mal, de la lutte pour la vie,* que vous appuyez de mille exemples et prônez pour justifier vos méprises, tout en repoussant le transformisme. Nous fondons au contraire LA LOI DU BIEN sur des milliards de faits et mieux encore, nous divisons le globe entier en deux catégories, les bons et les mauvais terrains, l'aisance et la pauvreté. Et, nous voyons les beaux peuples de l'Asie et de l'Égypte dégénérer en se répandant sur les anciennes formations géologiques de l'Afrique et d'ailleurs, malgré qu'ils y trouvent une lutte pour la vie des plus acharnée. Tandis que les hommes qui se sont répandus sur les meilleurs terrains d'Europe y ont progressé avec des mœurs plus douces. Voyez les faunes qui ont dégénéré sur les mauvais terrains. Voyez nos magnifiques races d'animaux sur tous les bons terrains d'Europe et les types rabougris, osseux et maigres sur les mauvaises régions. Voyez partout et pour les deux règnes *tel sol, tel produit.* Donc quelle que soit la lutte pour la vie, les êtres dégénèrent avec la pauvreté, ils progressent avec l'abondance ! Donc, la concurrence vitale *détruit* surtout les êtres mal partagés; mais elle *fait du mal à tous;* tandis que *le bien profite à tous !* Ainsi la perfidie ou l'erreur malthusienne se cache sous le darwinisme qui tend aussi à substituer la voie du mal à celle du bien, ce qui est la plus colossale des erreurs philosophiques. Oui, l'œuvre de la brute et de l'ignorance est de détruire, c'est la misère; l'œuvre de l'intelligence de la science vraie, c'est la richesse, c'est la pondérance économique, c'est *le bien qui profite à tous!*

Et c'est devant le principe de la science qui doit porter la puissance de l'homme au plus haut degré que ces *infaillibles destructeurs* persistent dans l'erreur et les malheureuses trames qui sont le fléau de l'humanité? Mais regardez donc la facilité, la simplicité avec laquelle toutes les branches de la science se résument dans *une seule loi* et dans quelques pages, au lieu d'aveugler le travailleur dans une multitude de volumes de faits défigurés, noyés sous les hypothèses fausses, et votre conscience frémira devant votre œuvre : Il faut à l'homme le *principe de la science* qui éclaire, moralise et soulage, qui met dans ses mains les forces de la nature, qui *centuple la richesse;* et, vous lui donnez la fausseté, l'aveuglement qui *centuplent les études, les erreurs et les maux!!!*

TABLE DES MATIÈRES

Saint-Denis. — Imprimerie J. Bechin, rue de Paris, 94.

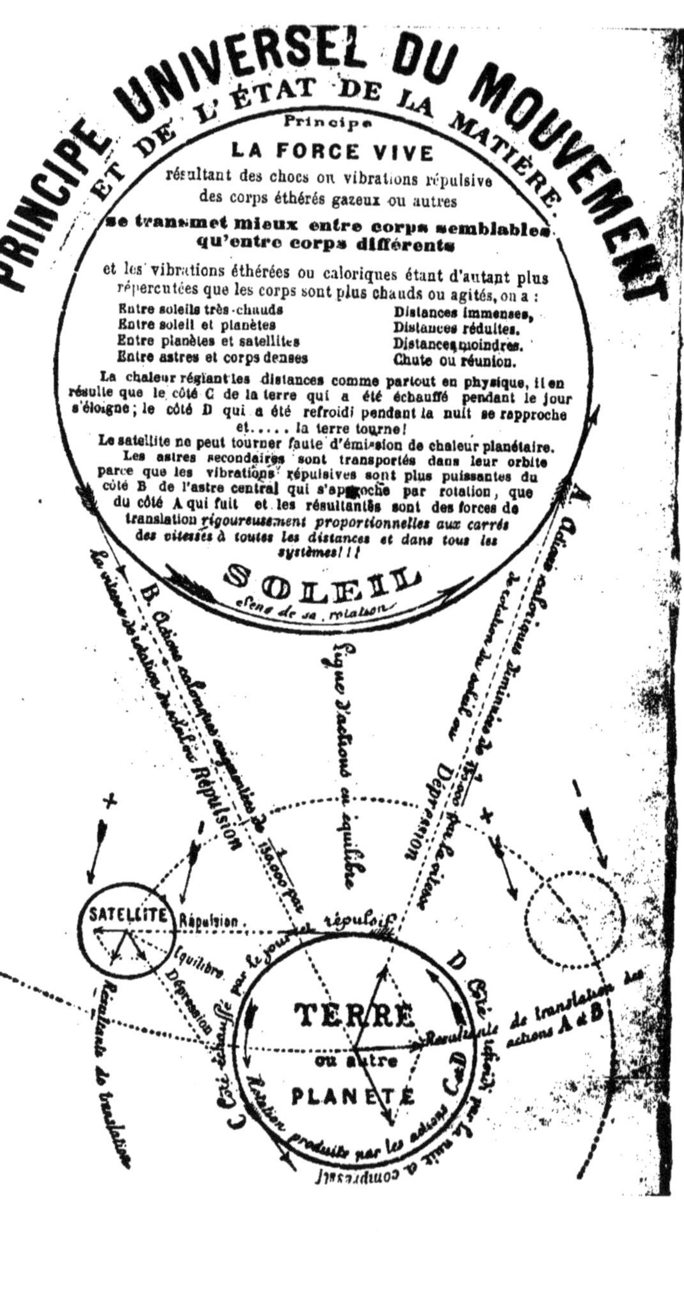
PRINCIPE UNIVERSEL DU MOUVEMENT
ET DE L'ÉTAT DE LA MATIÈRE
Principe
LA FORCE VIVE
résultant des chocs ou vibrations répulsive
des corps éthérés gazeux ou autres
se transmet mieux entre corps semblables qu'entre corps différents
et les vibrations éthérées ou caloriques étant d'autant plus répercutées que les corps sont plus chauds ou agités, on a :
Entre soleils très-chauds — Distances immenses,
Entre soleil et planètes — Distances réduites.
Entre planètes et satellites — Distances moindres.
Entre astres et corps denses — Chute ou réunion.
La chaleur réglant les distances comme partout en physique, il en résulte que le côté C de la terre qui a été échauffé pendant le jour s'éloigne ; le côté D qui a été refroidi pendant la nuit se rapproche et..... la terre tourne !
Le satellite ne peut tourner faute d'émission de chaleur planétaire.
Les astres secondaires sont transportés dans leur orbite parce que les vibrations répulsives sont plus puissantes du côté B de l'astre central qui s'approche par rotation, que du côté A qui fuit et les résultantes sont des forces de translation rigoureusement proportionnelles aux carrés des vitesses à toutes les distances et dans tous les systèmes ! !
SOLEIL
sens de sa rotation
A
B
Ligne d'actions en équilibre
Répulsion
Dépression
SATELLITE
Répulsion
Équilibre
Dépression
TERRE ou autre PLANETE
C
D
Résultante de translation des actions A et B
Rotation produite par les actions C et D

www.ingramcontent.com/pod-product-compliance
Ingram Content Group UK Ltd.
Pitfield, Milton Keynes, MK11 3LW, UK
UKHW021044230726
13926UKWH00004B/1639

9 782016 190920